PEIDIAN XIANLU DAIDIAN ZUOYE SHIGU ANLI FENXI

配电线路带电作业事故案例分析

陈铁　主编

中国电力出版社
CHINA ELECTRIC POWER PRESS

内 容 提 要

为了贯彻“安全第一、预防为主、综合治理”的电力安全生产方针，针对带电作业安全问题，国网哈尔滨供电公司组织编写《配电线路带电作业事故案例分析》。

本书对所搜集的事故案例和作业过程中存在的不安全现象等进行综合分析，分别从管理因素、人为因素、作业器具因素、作业现场环境因素等角度进行分类、归纳、总结，结合了生产实际情况并贯穿到生产实际，对防范带电作业事故具有指导意义。

本书可供配电带电作业一线班组人员学习使用。

图书在版编目（CIP）数据

配电线路带电作业事故案例分析/陈铁主编．—北京：中国电力出版社，2017.11（2023.10重印）

ISBN 978-7-5198-1132-7

Ⅰ．①配…　Ⅱ．①陈…　Ⅲ．①配电线路–带电作业–事故–案例　Ⅳ．①TM726

中国版本图书馆 CIP 数据核字（2017）第 220774 号

出版发行：中国电力出版社
地　　址：北京市东城区北京站西街 19 号（邮政编码 100005）
网　　址：http://www.cepp.sgcc.com.cn
责任编辑：易　攀（010-63412355）
责任校对：王小鹏
装帧设计：张俊霞　赵丽媛
责任印制：石　雷

印　　刷：固安县铭成印刷有限公司
版　　次：2017 年 11 月第一版
印　　次：2023 年 10 月北京第三次印刷
开　　本：880 毫米×1230 毫米　32 开本
印　　张：8
字　　数：178 千字
印　　数：2001—2500 册
定　　价：29.00 元

前　言

随着经济发展和社会进步，我国电力事业得到了快速的发展，但是随之而来的事故也在不断增加，特别是带电作业这种危险性高的作业事故明显增多，如何防范带电作业事故已成为从业人员必须要面对的问题。

“安全第一、预防为主、综合治理”是电力安全生产的方针，带电作业是极为特殊的一个工种，其作业安全涉及管理、人员综合素质、环境、作业装备问题等。

本书结合多年带电专业现场实际作业状况，对所搜集事故案例和作业过程中存在的不安全现象等进行综合分析，分别从管理因素、人为因素、作业器具因素、作业现场环境因素分类、归纳、总结，并对每一起事故案例分别从直接原因、主要原因、间接原因、违反相关规定、危险点、防范措施等方面进行了深入的剖析。

希望读者通过对本书的解读，结合工作情况，贯穿到生产实际，以此为戒、警钟长鸣、防患于未然。对配网带电作业发展、安全生产起到鞭策作用。

由于编者时间仓促，对分析有不全面之处，恳请各位专家提出宝贵意见，以便后续完善。

编　者

2017 年 4 月

目 录

前言

第一部分 管 理 因 素

案例一 非带电作业人员参与作业，人员触电 …………………… 3
案例二 雨中作业，发生单相接地事故 ……………………………… 9
案例三 误带负荷接引线，导致单相接地故障 ………………… 15
案例四 作业现场无票作业，导致误换跌落式熔断器 ……… 21
案例五 带电拆除跨道路支接线路，导线坠落砸伤地面车辆 …… 26
案例六 接电缆引线，发生相间短路 ……………………………… 32
案例七 旁路电缆不满足负荷电流要求，致使线路全停 …… 38
案例八 作业人员精神状态不佳，发生事故 …………………… 43
案例九 带电班长不称职，作业中蛮干，发生人身触电 …… 49
案例十 作业前未复勘作业现场，带电接电缆引线，造成接地事故 …………………………………………………………… 55
案例十一 代培人员直接参加作业，造成单相接地故障 ……… 61

第二部分 人 为 因 素

案例一 紧固松脱拉线，导致作业人员触电 …………………… 69
案例二 绝缘斗臂车停放不当，作业人员坠落 ………………… 74

案例三　更换针式绝缘子选择作业方式不当，发生触电事故………79
案例四　带电更换耐张绝缘子串，作业人员电弧烧伤 ………84
案例五　分支引线绑扎不牢固，造成一人触电死亡 ………90
案例六　绝缘遮蔽不严，发生相间短路………97
案例七　个人绝缘防护用具选择不当，发生事故………103
案例八　工作负责人擅自试合带电跌落式熔断器熔丝管，发生事故………109
案例九　带电拆除支接线路，相间短路………114
案例十　处理导线异物方法不当，发生相间短路………120

第三部分　作业器具因素

案例一　绝缘斗臂车操作不当，导致作业人员滞留在空中 ………129
案例二　绝缘平台安装不牢固，作业人员失稳，人员触电 ………134
案例三　带电更换电杆过程中，发生电杆倾倒，造成线路全停………140
案例四　举线器失灵，导致导线滞留空中………146
案例五　折叠式绝缘斗臂车下臂碰触低压线路，导致绝缘斗臂车漏油………152
案例六　遮蔽工具冻硬，遮蔽不严，带电更换针式绝缘子时线路接地………158
案例七　带电更换断路器时，绝缘斗臂车小吊臂绳索断线，砸伤地面电工………164
案例八　带电断分支线路引线时，工具使用不当，线路接地 ………169
案例九　绝缘杆作业法接分歧杆引线时，发生人身触电重伤事故………174

案例十　绝缘斗臂车金属臂碰触跌落式熔断器，发生短路事故 …… 180

第四部分　作业现场环境因素

案例一　现场勘查不全面，造成相间短路 …… 189
案例二　大风天气造成人员触电 …… 194
案例三　雨天作业，造成接地跳闸 …… 199
案例四　作业现场环境复杂，带电接分支线路引线时，造成人身触电 …… 205
案例五　提升导线，发生断线，导致单相接地 …… 211
案例六　带电检修隔离开关，相间短路 …… 217
案例七　绝缘斗臂车支腿处松软，导致绝缘斗臂车侧翻 …… 222
案例八　安装绝缘引流线时柱上断路器突然跳闸，作业人员烧伤 …… 228
案例九　固定引线时，发生引线接点断落，造成单相接地故障 …… 234
案例十　带电更换跌落式熔断器，单相接地 …… 240

第一部分　管理因素

本部分主要搜集归类管理因素案例，并进行了针对性综合分析，分别从领导管理、专业管理、资料管理、设备设施管理、装备管理等方面结合每起事故案例进行细致分析，主要存在主管生产领导对作业人员安排不当；单位生产管理混乱，人员无配电带电作业资格证书却进行带电作业；单位安全生产管理重视程度不足，导致超工作票范围进行作业；主管生产领导所安排的作业组人员对本次作业的危险性重视程度不够，尤其是所安排的工作负责人安全意识淡薄，责任心较差，不能正确的组织工作；主管生产领导对专业并不十分熟悉，只是行于表面；管理松散，不做现场安全措施，习惯性违章等问题，并对这些问题进行了阐述。

案例一 非带电作业人员参与作业，人员触电

1. 事故简况

某供电公司带电班组人员在外进行带电作业，又接到报修任务：线路悬挂异物威胁线路运行，主管生产领导安排运行班 3 人，采用绝缘杆作业法，进行带电清除 10kV 线路 B 相导线异物作业，线路设置方式为三角排列。到达作业现场后，工作负责人甲得到调度命令后，宣读工作票，进行危险点分析，交代安全措施和技术措施，指派运行班成员乙为杆上电工，丙为地面电工。工作班成员签字确认后，没有穿戴绝缘防护用具，利用登杆工具至距离带电体 0.4m 处，系好安全带（一点式安全带），使用绝缘操作杆开始清除异物。作业过程中，由于导线异物处在 B 相导线上，位置较高，杆上电工乙拆除了几次没有拆除下来，就习惯性利用登杆工具向上移动了作业位置，忘记了带电的两个边相，由于动作过大，作业人员右手触到带电导线上，造成人身触电，从 10m 高处坠落，经医院抢救无效而死亡。

2. 事故原因

2.1 直接原因

2.1.1 杆上电工乙没有穿戴个人绝缘防护用具，动作幅度过大导致碰触到没有遮蔽的带电体，是发生事故的直接原因。

2.1.2 杆上电工乙没有对临近的两个边相带电导线进行有效遮蔽，导致杆上电工乙触电。

2.2 主要原因

2.2.1 主管生产领导对作业人员安排不当，是造成本次事故的主要原因。

2.2.2 单位生产管理混乱，运行班人员无配电带电作业资格证书却进行带电作业。

2.3 间接原因

2.3.1 工作负责人甲未正确安全地组织工作，监护不到位，没有及时制止杆上电工乙与带电体的安全距离不足，也未命令退到安全区域，并放松对其监护。

3. 违反相关规定

3.1 工作签发人的安全责任：① 工作必要性和安全性；② 工作票所列安全措施是否正确完备；③ 所派工作负责人和工作班成员是否适当和充足。

3.2 工作负责人的职责：① 正确安全地组织工作；② 负责检查工作票所列安全措施是否正确完备，是否符合现场实际条件，必要时应予以补充；③ 督促、监护工作班成员遵守《国家电网公司电力安全工作规程》(简称《安规》)、正确使用劳动防护用品和执行现场安全措施；④ 严格执行工作票所列安全措施。

3.3 工作负责人应时刻掌握作业的进展情况，密切注视作业人员的动作，根据作业方案及作业步骤及时做出适当的指示，整个作业过程中不得放松对危险部位的监护工作。

3.4 参加带电作业的人员，应经专门培训，并考试合格取得资格、单位书面批准后，方能参加相应的作业。

3.5 带电作业人员不宜与其他专业带电作业人员、停电检修作业人员混岗。带电作业人员应保持相对稳定，人员变动应征求本单位带电作业主管部门的意见。

3.6 工作班成员的安全责任：① 熟悉工作内容、工作流程，掌握安全措施，明确工作中的危险点，并履行确认手续。② 严格遵守安全规章制度、技术规程和劳动纪律，对自己在工作中的行为负责，互相关心工作安全，并监督《安规》的执行和现场安全措施的实施。③ 作业人员正确使用安全工器具和劳动防护用品。

3.7 作业人员与带电体保持规定的安全距离，戴绝缘手套和穿绝缘靴。通过绝缘工具进行作业的方式，在作业范围狭小或线路多回架设，作业人员身体各部位有可能触及不同电位的电力设施时，作业人员应穿戴全套绝缘防护用具，对带电体应进行绝缘遮蔽。

4. 危险点

4.1 带电作业时，安全距离不足引起触电

带电作业人员接触带电体时，与接地体应保持 0.4m 及以上安全距离，与邻相带电体保持 0.6m 及以上安全距离；带电作业人员接触接地体时，与带电体应保持 0.4m 及以上安全距离，安全距离不足时，应做好绝缘遮蔽隔离措施。

4.2 气象条件不符合要求

带电作业应在良好的天气下进行，作业前须进行风速和湿度测量。风力大于 5 级，或湿度大于 80%时，不宜进行带电作业。若遇有雷电、雪、雹、雨、雾等不良天气，禁止带电作业。带电作业过程中若遇有天气突然变化，有可能危及人身及设备安全时，应立即停止工作，撤离人员，恢复设备正常状况，或采取临时安全措施。

4.3　绝缘工器具不合格，作业时绝缘工器具表面泄漏电流过大

绝缘工器具应按定置要求分类摆放在防潮帆布上，绝缘工器具不能与金属工具、材料混放。检查个人绝缘防护用具、遮蔽用具无针孔、砂眼、裂纹等，绝缘手套必须做充气试验，试验合格证在有效期范围内。绝缘工具使用前应仔细检查确认没有损坏、受潮、变形、失灵，否则禁止使用。并用2500V及以上绝缘电阻表或绝缘检测仪进行分段绝缘检测（电极宽2cm，极间宽2cm），阻值不低于700MΩ。

4.4　作业现场悬挂标志牌和装设围栏

在城区、人口密集区地段或交通道口和通行道路上施工时，应设置安全围栏，安全围栏的范围应考虑作业中高空坠落和高空落物的影响以及道路交通，必要时联系交通部门，围栏的出入口应设置合理。

4.5　作业时违反安规进行操作，可能引起高空坠落，物体打击伤人

带电作业时，工器具、材料应放在专用工具袋内，防止坠落。工器具、材料传递至工作合适位置应固定牢靠，不准随意摆放，避免落物伤人。上下抛掷工器具、材料时容易发生失手坠落等情况，所以应使用绝缘绳索拴牢后传递。

4.6　带电作业前后联系调度员

进行带电作业时，无论此次作业是否需要停用线路重合闸装置，作业前后都应该联系调度员，在线路发生异常情况时，调度员可以从保护人身安全角度出发，采用更为妥善的处理方案，避免线路强送电或试送电。在带电作业过程中，线路重合闸装置对带电作业人员的安全起到后备保护的作用。一是在带电作业点发生事故时，线路重合闸装置不启动，避免带电作业人员遭受二次电击的危

害；二是非作业点发生故障时，有可能产生内部过电压，线路重合闸装置不启动，避免带电作业人员遭受内部过电压的危害。

4.7 作业前检查作业杆塔、导线等

带电作业前，应对作业点的杆塔、导线等进行外观检查。确认杆根、基础、拉线等是否牢固，严防杆塔倾倒，对作业人员造成严重伤害。确认导线、导线固结点等牢固，防止作业人员触电或损伤设备。

4.8 登高工具不合格，不规范使用登高工具

登杆前，要对登高工具进行外观检查，如脚扣有裂纹、胶皮套磨漏、升降板有裂纹、绳子磨损严重等不能使用，以防意外发生。脚扣和升降板除了做外观检查外，试登第一步或第一板时，应有意识地进行人体重量的冲击试验。禁止携带材料等进行登杆或在杆上移位，防止材料等失落，砸伤地面人员或损坏材料。严禁利用绳索、拉线上下杆塔，防止绳索、拉线出现断裂情况导致作业人员坠落。

4.9 登高作业时，不按要求使用安全带

安全带是高处作业人员预防坠落伤亡的防护用品，应采用双控、双保险的挂钩，以防挂钩脱落。双控背带式安全带配件应齐全。在高空作业中，为了提高安全保护系数，避免工作人员转位或发生意外时出现失去保护的情况，应使用有后备绳或速差自锁器的双控背带式安全带，为工作人员提供双重保护。

4.10 杆上作业人员站位较高，误碰带电导线

采用绝缘杆进行带电作业时，时刻保持与带电体的安全距离，要采取可靠地安全措施。即便带电体设置了绝缘遮蔽隔离措施，也不能碰触带电体，因为采用绝缘杆作业法时，绝缘杆是主绝缘，个人防护

用具、绝缘遮蔽用具是辅助绝缘，所以作业人员不能碰触带电体。

4.11 作业过程中引起导线断线

清除导线异物时，应选用合适的绝缘操作用具进行清除异物，作业过程中，作业人员动作不宜过大，避免损伤导线，发生导线断线的危险。

5. 防范措施

5.1 作业人员在带电作业过程中，使用的绝缘操作杆必须保持 0.7m 及以上的有效绝缘长度。

5.2 作业人员利用绝缘杆作业法进行带电作业时，人体与邻近带电体必须保持 0.4m 及以上的安全距离。不能满足安全距离时，应采取绝缘遮蔽隔离措施。

5.3 作业人员必须使用合格的绝缘工器具和安全防护用具，登杆前检查登高工具及安全带，并做冲击试验。作业人员登杆作业时，应使用带有后备保护绳的安全带，副安全带缠绕在杆身上，杆上作业人员进行转位时，不得失去安全带保护，以防止高空坠落。

5.4 带电作业决不允许不具备条件的人员担任工作负责人，他无能力制止作业中的错误操作和及早发现操作中的不安全动作。对工作负责人的选用必须严格遵守 Q/GDW 1799.2—2013《国家电网公司电力安全工作规程 线路部分》中有关规定，选择多年从事带电作业工作，有一定理论基础和丰富实际经验，且有一定的组织能力和对异常情况及事故处理能力的人员担任。

5.5 所有人员有权拒绝违章指挥和强令冒险作业；在发现直接危及人身、电网和设备安全的紧急情况时，有权停止作业或者在采取可能的紧急措施后撤离作业现场，并立即报告。

5.6 不论对谁都应坚持不懈地进行安全思想教育，由于主管生产领导、工作负责人、工作班成员的安全思想不牢固，对简单的常规带电作业项目，在思想上没有引起足够的重视，从思想上产生了不会有什么异常情况发生，便进行现场作业造成事故。所以，无论对是否简单的现场作业，都应进行坚持不懈的安全思想教育，督促他们树立起牢固的“安全第一、预防为主、综合治理”的思想，以达到防患于未然。

案例二 雨中作业，发生单相接地事故

1. 事故简况

某供电公司带电作业班 4 人，利用绝缘斗臂车采用绝缘手套作业法，进行 10kV 带电扶正电杆作业，线路设置为水平排列。临出发去现场时，天色阴沉，但单位领导（工作票签发人）要求抢时间完成作业。出发 40min 后，到达作业现场，发现横担变形严重，需更换。工作负责人甲得到调度命令后，为了节省时间，没有宣读工作票，也没有进行危险点分析、交代安全措施和技术措施，指派工作班成员乙为斗内电工，丙为专责监护人，丁为地面电工。工作班成员签字确认后，斗内电工乙穿戴全套个人绝缘防护用具，系好安全带，操作绝缘斗臂车进入工作位置。斗内电工乙随即对线路进行绝缘遮蔽，此时天空下起了小雨，工作负责人甲催促斗内电工乙加快工作速度。在拆除变形横担针式绝缘子绑扎线过程中，雨开始变大，斗内电工乙由于作业急促，在提升导线过程中，没有控制好湿滑的导线，导致带电导线落在横担上（横担已经进行绝缘遮蔽，绝

缘毯已经被雨淋湿）发生单相接地事故。

2. 事故原因

2.1 直接原因

2.1.1 杆上电工乙没有采取正确有效措施进行提升导线，致使导线脱落，是发生事故的直接原因。

2.1.2 作业时，由于绝缘毯被雨淋湿，导致其沿面泄漏电流增大，致使带电导线脱落后造成接地事故。

2.2 主要原因

2.2.1 主管生产领导对工作安排不当，雨天作业是造成本次事故的主要原因。

2.2.2 单位安全生产管理重视程度不足，现场勘查不到位，导致超工作票范围进行作业。

2.3 间接原因

2.3.1 工作负责人甲组织工作不利，致使监护不到位，对杆上电工乙的每一步操作监督不够，存在监护盲区，在雨下大之后，并没有下令停止作业。

3. 违反相关规定

3.1 工作签发人的安全责任：① 工作必要性和安全性；② 工作票所列安全措施是否正确完备；③ 所派工作负责人和工作班成员是否适当和充足。

3.2 工作票签发人在未勘查现场，且气象条件显示有可能下雨时，仍签发工作票，要求抢修。

3.3 带电作业工作票签发人或工作负责人认为有必要时，应组织有经验的人员到现场勘察，根据勘察结果作出能否进行带电作业的判断，并确定作业方法和所需工具以及应采取的措施。

3.4 带电作业应在良好天气下进行。如遇雷电（听见雷声、看见闪电）、雪、雹、雨、雾等，不准进行带电作业。在特殊情况下，必须在恶劣气象天气进行带电抢修时，应组织有关人员充分讨论并编制必要的安全措施，经本单位分管生产领导（总工程师）批准后方可进行。

3.5 工作负责人的职责：① 正确安全地组织工作；② 负责检查工作票所列安全措施是否正确完备，是否符合现场实际条件，必要时应予以补充。③ 督促、监护工作班成员遵守《安规》、正确使用劳动防护用品和执行现场安全措施。④ 严格执行工作票所列安全措施。

3.6 工作负责人应时刻掌握作业的进展情况，密切注视作业人员的动作，根据作业方案及作业步骤及时做出适当的指示，整个作业过程中不得放松对危险部位的监护工作。

3.7 带电作业过程中若遇天气突然变化，有可能危及人身或设备安全时，应立即停止工作；在保证人身安全的情况下，尽快恢复设备正常状况，或采取其他措施。

3.8 工作班成员的安全责任：① 熟悉工作内容、工作流程，掌握安全措施，明确工作中的危险点，并履行确认手续。② 严格遵守安全规章制度、技术规程和劳动纪律，对自己在工作中的行为负责，互相关心工作安全，并监督《安规》的执行和现场安全措施的实施。③ 正确使用安全工器具和劳动防护用品。

4. 危险点

4.1 带电作业时，安全距离不足引起触电

带电作业人员接触带电体时，与接地体应保持 0.4m 及以上安全

距离，与邻相带电体保持 0.6m 及以上安全距离；带电作业人员接触接地体时，与带电体应保持 0.4m 及以上安全距离，安全距离不足时，做好绝缘遮蔽隔离措施。

4.2 气象条件不符合带电作业要求

带电作业应在良好的天气下进行，作业前须进行风速和湿度测量。风力大于 5 级，或湿度大于 80%时，不宜进行带电作业。若遇有雷电、雪、雹、雨、雾等不良天气，禁止带电作业。带电作业过程中若遇有天气突然变化，有可能危及人身及设备安全时，应立即停止工作，撤离人员，恢复设备正常状况，或采取临时安全措施。

4.3 绝缘工器具不合格，作业时绝缘工器具表面泄漏电流过大

绝缘工器具应按定置要求分类摆放在防潮帆布上，绝缘工器具不能与金属工具、材料混放。检查个人绝缘防护用具、遮蔽用具无针孔、砂眼、裂纹等，绝缘手套必须做充气试验，试验合格证在有效期范围内。绝缘工具使用前应仔细检查确认没有损坏、受潮、变形、失灵，否则禁止使用，并用 2500V 及以上绝缘电阻表或绝缘检测仪进行分段绝缘检测（电极宽 2cm，极间宽 2cm），阻值不低于 700MΩ。

4.4 作业现场悬挂标志牌和装设围栏

在城区、人口密集区地段或交通道口和通行道路上施工时，应设置安全围栏，安全围栏的范围应考虑作业中高空坠落和高空落物的影响以及道路交通，必要时联系交通部门，围栏的出入口应设置合理。

4.5 高空坠落，物体打击伤人

带电作业时，工器具、材料应放在专用工具袋内，防止坠落。工器具、材料传递至工作合适位置应固定牢靠，不准随意摆放，避

免落物伤人。上下抛掷工器具、材料时容易发生失手坠落等情况，所以应使用绝缘绳索拴牢后传递。

4.6　带电作业前后联系调度员

进行带电作业时，无论此次作业是否需要停用线路重合闸装置，作业前后都应该联系调度员，在线路发生异常情况时，调度员可以从保护人身安全角度出发，采用更为妥善的处理方案，避免线路强送电或试送电。在带电作业过程中，线路重合闸装置对带电作业人员的安全起到后备保护的作用。一是在带电作业点发生事故时，线路重合闸装置不启动，避免带电作业人员遭受二次电击的危害；二是非作业点发生故障时，有可能产生内部过电压，线路重合闸装置不启动，避免带电作业人员遭受内部过电压的危害。

4.7　作业前检查作业杆塔、导线等

带电作业前，应对作业点的杆塔、导线等进行外观检查。确认杆根、基础、拉线等是否牢固，严防杆塔倾倒，对作业人员造成严重伤害。确认导线、导线固结点等牢固，防止作业人员触电或损伤设备。

4.8　正确选择绝缘斗臂车位置、检查绝缘斗臂车

根据现场作业环境、地质状态正确布置车辆位置，使支脚受力可靠，绝缘斗臂车在使用前应认真检查其表面状况，若绝缘臂、斗表面存在明显脏污，可用清洁毛巾或棉布擦拭，斗臂车在使用前应空斗试操作一次，确认液压传动、回转、升降、伸缩系统工作正常，操作灵活，制动装置可靠。

4.9　作业过程中引起导线脱落

提升导线前，应采取后备保护措施，防止在提升过程中，导线意外脱落，造成短路或接地故障。

4.10 作业过程中引起相间短路或接地

作业时，作业区域带电导线、绝缘子等应采取相间、相对地的绝缘隔离措施。禁止同时接触两个非连通的带电导体或带电导体与接地导体。作业人员与带电体保持规定的安全距离，作业前均需对人体可能触及范围内的带电体和接地体进行绝缘遮蔽，在作业范围狭小，电气设备布置密集处，为保证作业人员对邻相带电体或接地体的有效隔离，在适当位置还应装设绝缘隔板或隔离罩等限制作业者活动范围。

4.11 扶正电杆，导致相间短路

在带电扶正电杆作业过程中，导线应做好绝缘遮蔽隔离措施，并且匀速扶正电杆，不应颤动、大幅度晃动，避免相间短路。

4.12 更换横担作业方法不正确，发生事故

在带电更换横担过程中应采取用绝缘横担将带电导线固定牢固，再进行更换横担的作业方法。

5. 防范措施

5.1 作业人员在带电作业过程中，应使用合格的绝缘操作工具，提升导线时应对提升装备的可靠性确认无误后，并汇报工作负责人得到其相应指令方可操作，以防导线脱落。

5.2 当天气突变，环境不符合带电作业条件时，作业人员应停止作业，并拒绝领导或工作负责人的强行指挥。

5.3 监护人应对作业人员的操作全过程进行不间断监督，及时纠正不规范的动作，对操作步骤进行及时并必要的提示，防止漏项。

5.4 在带电作业过程中，要坚决杜绝工作负责人、工作监护人安全思想麻痹状态，使其能够集中精力进行监护，制止作业中的错误操作和发现操作中的不安全动作。对工作负责人、监护人的选用必须严格遵守带电作业有关规定，选择多年从事带电作业工作，有一定理论基础和丰富实际经验，且有一定的组织能力和对异常情况及事故处理能力的人员担任，并具有高度的安全责任感。

5.5 作业人员必须拒绝违章指挥和强令冒险作业；在发现直接危及人身、电网和设备安全的紧急情况时，立即停止作业或者在采取可能的紧急措施后撤离作业现场，并立即报告。

5.6 由于主管生产领导、工作负责人、工作班成员的安全思想不牢固，对简单的常规带电作业项目，在思想上没有引起足够的重视，安全思想麻痹，造成事故。所以，无论任何人，都应进行坚持不懈的安全思想教育。

5.7 一定要从管理层面进行严格管理，坚决杜绝作业组人员全部或部分存在侥幸心理、怕费事、怕麻烦的情况。

案例三　误带负荷接引线，导致单相接地故障

1. 事故简况

某供电公司带电作业班 4 人，利用绝缘杆作业法带电接 10kV 分支引线作业。待接分支线路为新架设 18 挡距导线，共有 315kV·A 变压器 8 台。到达作业现场后，工作负责人甲得到调度命令后，宣读工作票，进行危险点分析，交代安全措施和技术措施，指派工作班成员乙、丙为杆上电工，丁为地面电工。工作班成员签字确认后，杆上电工乙、丙穿戴全套的绝缘防护用具，使用登杆工具登杆至适当位置，系好安全带，利用绝缘操作杆进行带电接分支

线路引线，当杆上电工乙、丙互相配合将第一相分支引线安装完毕后，准备接第二相分支引线时，分支引线刚碰触到带电导线时，由于弧光过大，发生弧光接地故障，随即杆上电工乙、丙返回地面。工作负责人甲在对待接分支引线线路进行巡视时，发现一台变压器台跌落式熔断器和二次刀闸没有拉开，导致杆上电工乙、丙带负荷接引线，未发生人身事故。

2. 事故原因

2.1 直接原因

2.1.1 工作负责人甲未能正确地组织工作，没有对待接的分支线路进行检查，是发生事故的直接原因。

2.1.2 杆上电工乙没有对带电导线和接地部分进行可靠绝缘遮蔽，在带电作业过程中，带电体与接地体安全距离不足，导致事故发生。

2.2 主要原因

2.2.1 主管生产领导对工作安排不当，所安排的作业班组人员对本次作业的危险性重视程度不够，认为此项作业过于简单。

2.2.2 在接分支引线的过程中，采用的方法不正确，没有使用消弧开关。

2.3 间接原因

2.3.1 工作负责人甲组织工作不利，致使监护不到位，对杆上电工乙、丙的每一步操作监督不够，存在监护盲区，对作业人员没有对带电导线和接地部分进行可靠严密遮蔽情况没有提出异议。

3. 违反相关规定

3.1 现场勘察应查看现场施工、检修作业需要停电的范围、保留的带电部位和作业现场的条件、环境及其他危险点等。

3.2 工作负责人的安全责任：① 正确安全地组织工作。② 负责检查工作票所列安全措施是否正确完备，是否符合现场实际条件，必要时予以补充。③ 工作前对工作班成员进行危险点告知，交代安全措施和技术措施，并确认每一个工作班成员都已知晓。④ 严格执行工作票所列安全措施。⑤ 督促、监护工作班成员遵守《安规》、正确使用劳动防护用品和执行现场安全措施。

3.3 工作负责人应时刻掌握作业的进展情况，密切注视作业人员的动作，根据作业方案及作业步骤及时做出适当的指示，整个作业过程中不得放松对危险部位的监护工作。

3.3 带电断、接空载线路时，应确认线路的另一端断路器（开关）和隔离开关（刀闸）确已断开，接入线路侧的变压器、电压互感器确已退出运行后，方可进行。

3.4 带电断、接空载线路时，作业人员应戴护目镜，并应采取消弧措施。

3.5 工作班成员的安全责任：① 熟悉工作内容、工作流程，掌握安全措施，明确工作中的危险点，并履行确认手续。② 严格遵守安全规章制度、技术规程和劳动纪律，对自己在工作中的行为负责，互相关心工作安全，并监督《安规》的执行和现场安全措施的实施。③ 正确使用安全工器具和劳动防护用品。

4. 风险点

4.1 带电作业时，安全距离不足引起触电

带电作业人员接触带电体时，与接地体应保持 0.4m 及以上安全距离，与邻相带电体保持 0.6m 及以上安全距离；带电作业人员接触接地体时，与带电体应保持 0.4m 及以上安全距离，安全距离不足时，做好绝缘遮蔽隔离措施。

4.2 气象条件不符合要求

带电作业应在良好的天气下进行，作业前须进行风速和湿度测量。风力大于 5 级，或湿度大于 80%时，不宜进行带电作业。若遇有雷电、雪、雹、雨、雾等不良天气，禁止带电作业。带电作业过程中若遇有天气突然变化，有可能危及人身及设备安全时，应立即停止工作，撤离人员，恢复设备正常状况，或采取临时安全措施。

4.3 绝缘工器具不合格，作业时绝缘工器具表面泄漏电流过大

绝缘工器具应按定置要求分类摆放在防潮帆布上，绝缘工器具不能与金属工具、材料混放。检查个人绝缘防护用具、遮蔽用具无针孔、砂眼、裂纹等，绝缘手套必须做充气试验，试验合格证在有效期范围内。绝缘工具使用前应仔细检查确认没有损坏、受潮、变形、失灵，否则禁止使用。并用 2500V 及以上绝缘电阻表或绝缘检测仪进行分段绝缘检测（电极宽 2cm，极间宽 2cm），阻值不低于 700MΩ。

4.4 作业现场悬挂标志牌和装设围栏

在城区、人口密集区地段或交通道口和通行道路上施工时，应设置安全围栏，安全围栏的范围应考虑作业中高空坠落和高空落物的影响以及道路交通，必要时联系交通部门，围栏的出入口应设置

合理。

4.5 作业时违反《安规》进行操作，可能引起高空坠落，物体打击伤人

带电作业时，工器具、材料应放在专用工具袋内，防止坠落。工器具、材料传递至工作合适位置应固定牢靠，不准随意摆放，避免落物伤人。上下抛掷工器具、材料容易发生失手坠落等情况，所以应使用绝缘绳索拴牢后传递。

4.6 带电作业前后联系调度员

进行带电作业时，无论此次作业是否需要停用线路重合闸装置，作业前后都应该联系调度员，在线路发生异常情况时，调度员可以从保护人身安全角度出发，采用更为妥善的处理方案，避免线路强送电或试送电。在带电作业过程中，线路重合闸装置对带电作业人员的安全起到后备保护的作用。一是在带电作业点发生事故时，线路重合闸装置不启动，避免带电作业人员遭受二次电击的危害；二是非作业点发生故障时，有可能产生内部过电压，线路重合闸装置不启动，避免带电作业人员遭受内部过电压的危害。

4.7 作业前检查作业杆塔、导线等

带电作业前，应对作业点的杆塔、导线等进行外观检查。确认杆根、基础、拉线等是否牢固，严防杆塔倾倒，对作业人员造成严重伤害。确认导线、导线固结点等牢固，防止作业人员触电或损伤设备。

4.8 登高工具不合格及不规范使用登高工具

登杆前，要对登杆工具进行外观检查，如脚扣有裂纹、胶皮套磨漏、升降板有裂纹、绳子磨损严重等不能使用，以防意外发生。脚扣和升降板除了做外观检查外，试登第一步或第一板时，应有意

识地进行人体重量的冲击试验。禁止携带材料等进行登杆或在杆上移位，防止材料等失落，砸伤地面人员或损坏材料。严禁利用绳索、拉线上下杆塔，防止绳索、拉线出现断裂情况导致作业人员坠落。

4.9　登高作业时，不按要求使用安全带

安全带是高处作业人员预防坠落伤亡的防护用品，应采用双控、双保险的挂钩，以防挂钩脱落。双控背带式安全带配件应齐全。在高空作业中，为了提高安全保护系数，避免工作人员转位或发生意外时出现失去保护的情况，应使用有后备绳或速差自锁器的双控背带式安全带，为工作人员提供双重保护。

4.10　绝缘杆作业法接引线，杆上作业人员站位较高，误碰带电导线

采用绝缘杆进行带电作业时，作业人员时刻保持与带电体的安全距离，要采取可靠的安全措施。即便带电体设置了绝缘遮蔽隔离措施，也不能碰触带电体，因为采用绝缘杆作业法时，绝缘杆是主绝缘，个人防护用具、绝缘遮蔽用具是辅助绝缘，所以作业人员不能碰触带电体。

5. 防范措施

5.1　由于主管生产领导、工作负责人、工作班成员的安全思想不牢固，对简单的常规带电作业项目，在思想上没有引起足够的重视，安全思想麻痹，对现场勘查或复查不到位，便进行现场作业造成事故。所以，不论对谁都应坚持不懈地进行安全思想教育，无论是否是简单的现场作业，都应时刻树立起牢固的“安全第一、预防为主、综合治理”的思想，以达到防患于未然。

5.2 作业人员利用绝缘杆作业法进行带电作业时，人体与邻近带电体必须保持 0.4m 及以上的安全距离。不能满足安全距离时，应采取可靠的绝缘遮蔽隔离措施，作业人员在带电作业过程中，使用的绝缘操作杆必须保持 0.7m 及以上的有效绝缘长度。

5.3 监护人应对作业人员的操作全过程进行不间断监督，及时纠正不规范的动作，对操作步骤进行及时并必要的提示，防止漏项。

5.4 在带电作业过程中，要坚决杜绝工作负责人、工作监护人安全思想麻痹状态，使其能够集中精力监督整个作业过程，及时制止作业中的误操作和及早发现操作中的不安全动作。对工作负责人、监护人的选用必须严格遵守 Q/GDW 1799.2—2013 中各项有关规定，选择多年从事带电作业工作，有一定理论基础和丰富实际经验，且有一定的组织能力和对异常情况及事故处理能力的人员担任，并具有高度的安全责任感。

案例四　作业现场无票作业，导致误换跌落式熔断器

1. 事故简况

某供电公司带电作业班 4 人，利用绝缘斗臂车采用绝缘手套作业法，带电更换 10kV 变压器台三相跌落式熔断器作业。到达作业现场后，工作负责人甲直接指派工作班成员乙为斗内电工，丙为专责监护人，丁为地位电工，没有履行工作票手续，没有进行危险点分析，也没有交代安全措施和技术措施，斗内电工乙穿戴全套的绝缘防护用具，操作绝缘斗臂车进入工作位置。在更换跌落式熔断器过程中，安监部门到达作业现场进行检查，发现实际作业地点与上

报的计划作业地点不符（实际作业地点与上报计划作业地点相邻），并存在无票作业的情况。导致将正在运行良好的跌落式熔断器进行了更换，而存在隐患的跌落式熔断器没有更换。安监部门立即制止严重的违章作业。

2. 事故原因

2.1 直接原因

2.1.1 作业现场没有正确履行作业流程，没有履行工作票手续，没有进行危险点分析，也没有交代安全措施和技术措施，导致工作班成员对作业地点没有核实确认就盲目作业。

2.1.2 由于工作负责人责任心不强，作业组到达现场后，为了尽快完成作业，没有进行复勘现场或复勘不到位，致使更换良好的变压器台跌落式熔断器。

2.2 主要原因

2.2.1 主管生产领导对工作安排不当，所安排的作业组人员对本次作业的危险性重视程度不够，尤其是所安排的工作负责人安全意识淡薄，责任心较差，不能正确的组织工作。

2.2.2 作业人员没有对工作负责人现场的违章指挥、违章命令提出异议，在本人并不十分确认工作地点的情况下，盲目听从，导致事故发生。

2.3 间接原因

2.3.1 由于生产管理疏漏，平时对线路维护较差，导致线路标示缺失或标示不明确，在此情况下，工作负责人没有向线路运维管理单位进一步核准。

3. 违反相关规定

3.1 现场勘察应查看现场施工、检修作业需要停电的范围、保留的带电部位和作业现场的条件、环境及其他危险点等。

3.2 工作负责人的安全责任：① 正确安全地组织工作；② 负责检查工作票所列安全措施是否正确完备，是否符合现场实际条件，必要时予以补充；③ 工作前对工作班成员进行危险点告知，交代安全措施和技术措施，并确认每一个工作班成员都已知晓；④ 严格执行工作票所列安全措施；⑤ 督促、监护工作班成员遵守《安规》、正确使用劳动防护用品和执行现场安全措施。

3.3 工作班成员的安全责任：① 熟悉工作内容、工作流程，掌握安全措施，明确工作中的危险点，并履行确认手续；② 严格遵守安全规章制度、技术规程和劳动纪律，对自己在工作中的行为负责，互相关心工作安全，并监督《安规》的执行和现场安全措施的实施；③ 正确使用安全工器具和劳动防护用品。

3.4 带电作业工作负责人在带电作业开始前，应与值班调度员联系。需要停用重合闸的作业和断、接引线应由值班调度员履行许可手续。带电作业结束后向调度员汇报。

3.5 带电作业开始前应列队宣读工作票，交代安全措施和技术措施，进行危险点分析，并确认每一位工作班成员都已知晓。

4. 风险点

4.1 带电作业时，安全距离不足引起触电

带电作业人员接触带电体时，与接地体应保持 0.4m 及以上安全距离，与邻相带电体保持 0.6m 及以上安全距离；带电作业人员接触

接地体时，与带电体应保持 0.4m 及以上安全距离，安全距离不足时，做好绝缘遮蔽隔离措施。

4.2 气象条件不符合带电作业要求

带电作业应在良好的天气下进行，作业前须进行风速和湿度测量。风力大于 5 级，或湿度大于 80%时，不宜进行带电作业。若遇有雷电、雪、雹、雨、雾等不良天气，禁止带电作业。带电作业过程中若遇有天气突然变化，有可能危及人身及设备安全时，应立即停止工作，撤离人员，恢复设备正常状况，或采取临时安全措施。

4.3 绝缘工器具不合格，作业时绝缘工器具表面泄漏电流过大

绝缘工器具应按定置要求分类摆放在防潮帆布上，绝缘工器具不能与金属工具、材料混放。检查个人绝缘防护用具、遮蔽用具无针孔、砂眼、裂纹等，绝缘手套必须做充气试验，试验合格证在有效期范围内。绝缘工具使用前应仔细检查确认没有损坏、受潮、变形、失灵，否则禁止使用。并用 2500V 及以上绝缘电阻表或绝缘检测仪进行分段绝缘检测（电极宽 2cm，极间宽 2cm），阻值不低于 700MΩ。

4.4 作业现场悬挂标志牌和装设围栏

在城区、人口密集区地段或交通道口和通行道路上施工时，应设置安全围栏，安全围栏的范围应考虑作业中高空坠落和高空落物的影响以及道路交通，必要时联系交通部门，围栏的出入口应设置合理。

4.5 高空坠落，物体打击伤人

带电作业时，工器具、材料应放在专用工具袋内，防止坠落。工器具、材料传递至工作合适位置应固定牢靠，不准随意摆放，避免落物伤人。上下抛掷工器具、材料容易发生失手坠落等情况，所

以应使用绝缘绳索拴牢后传递。

4.6 带电作业前后联系调度员

进行带电作业时，无论此次作业是否需要停用线路重合闸装置，作业前后都应该联系调度员，在线路发生异常情况时，调度员可以从保护人身安全角度出发，采用更为妥善的处理方案，避免线路强送电或试送电。在带电作业过程中，线路重合闸装置对带电作业人员的安全起到后备保护的作用。一是在带电作业点发生事故时，线路重合闸装置不启动，避免带电作业人员遭受二次电击的危害；二是非作业点发生故障时，有可能产生内部过电压，线路重合闸装置不启动，避免带电作业人员遭受内部过电压的危害。

4.7 正确选择绝缘斗臂车位置、检查绝缘斗臂车

根据现场作业环境、地质状态正确布置车辆位置，使支脚受力可靠，绝缘斗臂车在使用前应认真检查其表面状况，若绝缘臂、斗表面存在明显脏污，可用清洁毛巾或棉布擦拭，斗臂车在使用前应空斗试操作一次，确认液压传动、回转、升降、伸缩系统工作正常，操作灵活，制动装置可靠。

4.8 跌落式熔断器引线拆、接过程中措施不当造成短路或接地

在整个更换过程中，做好必要的遮蔽和固定措施，防止引线摆动，造成短路或接地故障。

5. 防范措施

5.1 作业组人员在整个作业过程中，应严格执行《国家电网公司电力安全工作规程 线路部分》关于工作票制度、工作监护制度、现场勘查及复查等相关规定。

5.2 主管生产领导或工作票签发人应安排合格的工作负责人和监护

人，所安排的工作负责人和监护人不但要求工作组织能力强，业务水平高，更重要的是责任心和安全意识。

5.3 在带电作业过程中，要坚决杜绝工作负责人、工作监护人安全思想麻痹状态，对工作负责人、监护人的选用必须严格遵守 Q/GDW 1799.2—2013 中各项有关规定，选择多年从事带电作业工作，有一定理论基础和丰富实际经验，且有一定的组织能力和对异常情况及事故处理能力的人员担任，并具有高度的安全责任感。

5.4 作业人员必须拒绝违章指挥和强令冒险作业；在发现直接危及人身、电网和设备安全的紧急情况时，立即停止作业或者在采取可能的紧急措施后撤离作业现场，并立即报告。

5.5 由于主管生产领导、工作负责人、工作班成员的安全思想不牢固，对简单的常规带电作业项目，在思想上没有引起足够的重视，安全思想麻痹，造成事故。所以，无论任何人都应进行坚持不懈的安全思想教育。

5.6 一定要从管理层面进行严格管理，坚决杜绝作业组人员全部或部分存在侥幸心理，怕费事、怕麻烦的情况。

案例五　带电拆除跨道路支接线路，导线坠落砸伤地面车辆

1. 事故简况

某供电公司带电作业班 4 人，利用绝缘斗臂车采用绝缘手套作业法带电拆除 10kV 跨马路分支线路，线路设置为水平排列。到达作业现场后，工作负责人甲得到调度命令后，宣读工作票，进行危险点分析，交代安全措施和技术措施，指派工作班成员乙为斗内电

工，丙为专责监护人，丁为地面电工。工作班成员签字确认后，斗内电工乙穿戴全套个人绝缘防护用具，系好安全带，操作绝缘斗臂车进入到工作位置，开始带电断该分支线路引线，在带电断分支引线工作完成后，开始拆除分支线路导线，在拆除最后一相导线时，导线与绝缘绳连接扣环突然分离，导线在没有牵引的情况下直接落地；由于地面作业人员没有采用安全警示标志及安全围栏，一辆出租车突然窜出，坠落的导线将该出租车砸坏。

2. 事故原因

2.1 直接原因

2.1.1 作业现场没有正确履行作业流程，虽然履行开工手续，进行了危险点分析，交代了安全措施和技术措施，但工作负责人未正确安全地组织地面作业人员设置安全警示标志及安全围栏。

2.1.2 由于作业人员责任心和安全意识不强，牵引绳扣绑扎不合理、不到位，导致导线直接脱落地面，造成事故。

2.2 主要原因

2.2.1 主管生产领导对工作安排不当，所安排的作业组人员对本次作业的危险性重视程度不够，尤其是所安排的工作负责人安全意识淡薄，责任心较差，不能正确地组织工作，存在侥幸心理。

2.2.2 管理松散，现场安全监督不到位，处罚力度不够，作业人员图省事、怕麻烦；对于该单位，不做现场安全措施，已经是经常性的习惯性违章，最终导致此次事故的发生。

2.3 间接原因

2.3.1 工作负责人或监护人没有正确地履行其工作职责，没能对作业人员的操作过程进行不间断监护并及时纠正其不安全操作。

3. 违反相关规定

3.1 工作负责人的安全责任：① 正确安全地组织工作；② 负责检查工作票所列安全措施是否正确完备，是否符合现场实际条件，必要时予以补充；③ 工作前对工作班成员进行危险点告知，交代安全措施和技术措施，并确认每一个工作班成员都已知晓；④ 严格执行工作票所列安全措施；⑤ 督促、监护工作班成员遵守《安规》、正确使用劳动防护用品和执行现场安全措施。

3.2 工作负责人应时刻掌握作业的进展情况，密切注视作业人员的动作，根据作业方案及作业步骤及时做出适当的指示，整个作业过程中不得放松对危险部位的监护工作。

3.3 应根据道路情况设置安全围栏、警告标志或路障，防止外人进入工作区域；如在车辆繁忙地段还应与交通管理部门取得联系，以取得配合的要求。

3.4 在市区或人口稠密的地区进行带电作业时，工作现场应设置围栏，派专人监护，禁止非工作人员及车辆入内。

3.5 带电放线、紧线与撤线工作均应有专人指挥、统一信号，并做到通信畅通、加强监护、绳扣牢固可靠。

3.6 交叉跨越各种线路、铁路、公路、河流等放、撤线时，应先取得主管部门同意，做好安全措施，如搭好可靠的跨越架、封航、封路、在路口设专人持信号旗看守等。

3.7 工作班成员的安全责任：① 熟悉工作内容、工作流程，掌握安全措施，明确工作中的危险点，并履行确认手续；② 严格遵守安全规章制度、技术规程和劳动纪律，对自己在工作中的行为负责，互相关心工作安全，并监督《安规》的执行和现场安全措施的实施；③ 正确使用安全工器具和劳动防护用品。

4. 风险点

4.1 带电作业时，安全距离不足引起触电

带电作业人员接触带电体时，与接地体应保持 0.4m 及以上安全距离，与邻相带电体保持 0.6m 及以上安全距离；带电作业人员接触接地体时，与带电体应保持 0.4m 及以上安全距离，安全距离不足时，做好绝缘遮蔽隔离措施。

4.2 气象条件不符合带电作业要求

带电作业应在良好的天气下进行，作业前须进行风速和湿度测量。风力大于 5 级，或湿度大于 80%时，不宜进行带电作业。若遇有雷电、雪、雹、雨、雾等不良天气，禁止带电作业。带电作业过程中若遇有天气突然变化，有可能危及人身及设备安全时，应立即停止工作，撤离人员，恢复设备正常状况，或采取临时安全措施。

4.3 绝缘工器具不合格，作业时绝缘工器具表面泄漏电流过大

绝缘工器具应按定置要求分类摆放在防潮帆布上，绝缘工器具不能与金属工具、材料混放。检查个人绝缘防护用具、遮蔽用具无针孔、砂眼、裂纹等，绝缘手套必须做充气试验，试验合格证在有效期范围内。绝缘工具使用前应仔细检查确认没有损坏、受潮、变形、失灵，否则禁止使用。并用 2500V 及以上绝缘电阻表或绝缘检测仪进行分段绝缘检测（电极宽 2cm，极间宽 2cm），阻值不低于 700MΩ。

4.4 作业现场悬挂标志牌和装设围栏

在城区、人口密集区地段或交通道口和通行道路上施工时，应设置安全围栏，安全围栏的范围应考虑作业中高空坠落和高空落物

的影响以及道路交通，必要时联系交通部门，围栏的出入口应设置合理。

4.5 高空坠落，物体打击伤人

带电作业时，工器具、材料应放在专用工具袋内，防止坠落。工器具、材料传递至工作合适位置应固定牢靠，不准随意摆放，避免落物伤人。上下抛掷工器具、材料容易发生失手坠落等情况，所以应使用绝缘绳索拴牢后传递。

4.6 带电作业前后联系调度员

进行带电作业时，无论此次作业是否需要停用线路重合闸装置，作业前后都应该联系调度员，在线路发生异常情况时，调度员可以从保护人身安全角度出发，采用更为妥善的处理方案，避免线路强送电或试送电。在带电作业过程中，线路重合闸装置对带电作业人员的安全起到后备保护的作用。一是在带电作业点发生事故时，线路重合闸装置不启动，避免带电作业人员遭受二次电击的危害；二是非作业点发生故障时，有可能产生内部过电压，线路重合闸装置不启动，避免带电作业人员遭受内部过电压的危害。

4.7 作业前检查作业杆塔、导线等

带电作业前，应对作业点的杆塔、导线等进行外观检查。确认杆根、基础、拉线等是否牢固，严防杆塔倾倒，对作业人员造成严重伤害。确认导线、导线固结点等牢固，防止作业人员触电或损伤设备。

4.8 正确选择绝缘斗臂车位置、检查绝缘斗臂车

根据现场作业环境，地质状态正确布置车辆位置，使支脚受力可靠，绝缘斗臂车在使用前应认真检查其表面状况，若绝缘臂、斗表面存在明显脏污，可用清洁毛巾或棉布擦拭，斗臂车在使用前应

空斗试操作一次，确认液压传动、回转、升降、伸缩系统工作正常，操作灵活，制动装置可靠。

4.9 作业过程中引起导线脱落

导线的牵引绳应按要求进行绑扎并确认可靠，防止导线意外脱落，造成意外事故。

4.10 作业过程中引起相间短路或接地

作业时，作业区域带电导线、绝缘子等应采取相间、相对地的绝缘隔离措施。禁止同时接触两个非连通的带电导体或带电导体与接地导体。作业人员与带电体保持规定的安全距离，作业前均需对人体可能触及范围内的带电体和接地体进行绝缘遮蔽，在作业范围狭小，电气设备布置密集处，为保证作业人员对邻相带电体或接地体的有效隔离，在适当位置还应装设绝缘隔板或隔离罩等限制作业者活动范围。

5. 防范措施

5.1 作业组人员在整个作业过程中，应严格执行 Q/GDW 1799.2—2013 关于停电、验电、装设接地线和悬挂标示牌装设围栏等的相关规定。

5.2 主管生产领导或工作票签发人应安排合格的工作负责人和监护人，所安排的工作负责人和监护人不但要求工作组织能力强，业务水平高，更重要的是责任心和安全意识。

5.3 在带电作业过程中，要坚决杜绝工作负责人、工作监护人安全思想麻痹状态，对工作负责人、监护人的选用必须严格遵守 Q/GDW 1799.2—2013 中各项有关规定，选择多年从事带电作业工作，有一定理论基础和丰富实际经验，且有一定的组织能力和对异常情况及事故处理能力的人员担任，并具有高度的安全责任感。

5.4 作业人员必须熟练掌握作业流程。在作业过程中，及时向工作负责人汇报作业步骤，并争得工作负责人的认可后，方可进行下一步操作。

5.5 由于主管生产领导、工作负责人、工作班成员的安全思想不牢固，对简单的常规带电作业项目，在思想上没有引起足够的重视，安全思想麻痹，造成事故。所以，无论任何人，都应进行坚持不懈的安全思想教育。

5.6 一定要从管理层面进行严格管理，坚决杜绝作业组人员全部或部分存在侥幸的心理状态。

案例六　接电缆引线，发生相间短路

1. 事故简况

某供电公司带电作业班 4 人，利用绝缘斗臂车采用绝缘手套作业法带电接 10kV 双电缆引线作业，线路设置为水平排列。到达作业现场后，工作负责人甲询问施工单位，电缆绝缘是否良好，相位是否正确。施工单位人员说没有问题。工作负责人甲得到调度命令后，宣读工作票，进行危险点分析，交代安全措施和技术措施，指派工作班成员乙为斗内电工，丙为专责监护人，丁为地面电工。工作班成员签字确认后，斗内电工乙穿戴全套个人绝缘防护用具，系好安全带，操作绝缘斗臂车进入到工作位置。接完第一、二相（双电缆，并列运行）电缆引线后，当接第三相电缆引线，刚碰触带电体时，发生相间短路，造成线路全线停电，斗内电工乙不同程度烧伤。

2. 事故原因

2.1 直接原因

2.1.1 斗内电工乙在接双电缆引线前，没有对双电缆进行核对相位，导致在接最后一相电缆引线时，发生相间短路，是发生事故的直接原因。

2.1.2 专业管理存在麻痹思想，工作负责人组织工作不力，导致没有组织作业前的现场勘查或勘查不到位，带电班到达现场后，为了尽快完成作业，没有进行复勘现场或复勘不到位。

2.2 主要原因

2.2.1 主管生产领导对工作安排不当，所安排的作业组人员对本次作业的危险性重视程度不够，工作负责人盲目地认为施工方所说的是正确的，存在主观不负责。

2.2.2 斗内电工乙在接电缆引线时，没有使用消弧开关。

2.3 间接原因

2.3.1 施工单位对此双回电缆线路没有正确履行交接手续，只是口头移交，双方没有进行实测交底签字。

2.3.2 作业人员没有对工作负责人的盲目决定提出任何异议，只是听之任之，漏项操作，导致事故发生。

3. 违反相关规定

3.1 现场勘察应查看现场施工、检修作业需要停电的范围、保留的带电部位和作业现场的条件、环境及其他危险点等。

3.2 带电断、接空载电缆线路的连接引线应采取消弧措施，不得直接带电断、接。断、接电缆引线前应检查相序并做好标志。10kV 空载电缆长度不宜大于 3km。当空载电缆电容电流大于 0.1A 时，应使用消弧开关进行操作。

3.3 带电接入空载电缆线路的连接引线前，应确认电缆线路试验合格，对侧电缆终端连接完好，接地拆除，并与负荷设备断开。

3.4 带电断、接空载（电缆）线路时，作业人员应戴护目镜。

3.5 工作负责人的安全责任：① 正确安全地组织工作；② 负责检查工作票所列安全措施是否正确完备，是否符合现场实际条件，必要时予以补充；③ 工作前对工作班成员进行危险点告知，交代安全措施和技术措施，并确认每一个工作班成员都已知晓；④ 严格执行工作票所列安全措施；⑤ 督促、监护工作班成员遵守《安规》、正确使用劳动防护用品和执行现场安全措施。

3.6 工作班成员的安全责任：① 熟悉工作内容、工作流程，掌握安全措施，明确工作中的危险点，并履行确认手续；② 严格遵守安全规章制度、技术规程和劳动纪律，对自己在工作中的行为负责，互相关心工作安全，并监督《安规》的执行和现场安全措施的实施；③ 正确使用安全工器具和劳动防护用品。

4. 风险点

4.1 带电作业时，安全距离不足引起触电

带电作业人员接触带电体时，与接地体应保持 0.4m 及以上安全距离，与邻相带电体保持 0.6m 及以上安全距离；带电作业人员接触接地体时，与带电体应保持 0.4m 及以上安全距离，安全距离不足时，应做好绝缘遮蔽隔离措施。

4.2　气象条件不符合要求

带电作业应在良好的天气下进行，作业前须进行风速和湿度测量。风力大于 5 级，或湿度大于 80%时，不宜进行带电作业。若遇有雷电、雪、雹、雨、雾等不良天气，禁止带电作业。带电作业过程中若遇有天气突然变化，有可能危及人身及设备安全时，应立即停止工作，撤离人员，恢复设备正常状况，或采取临时安全措施。

4.3　绝缘工器具不合格，作业时绝缘工器具表面泄漏电流过大

绝缘工器具应按定置要求分类摆放在防潮帆布上，绝缘工器具不能与金属工具、材料混放。检查个人绝缘防护用具、遮蔽用具无针孔、砂眼、裂纹等，绝缘手套必须做充气试验，试验合格证在有效期范围内。绝缘工具使用前应仔细检查确认没有损坏、受潮、变形、失灵，否则禁止使用。并用 2500V 及以上绝缘电阻表或绝缘检测仪进行分段绝缘检测（电极宽 2cm，极间宽 2cm），阻值不低于 700MΩ。

4.4　作业现场悬挂标志牌和装设围栏

在城区、人口密集区地段或交通道口和通行道路上施工时，应设置安全围栏，安全围栏的范围应考虑作业中高空坠落和高空落物的影响以及道路交通，必要时联系交通部门，围栏的出入口应设置合理。

4.5　作业时违反安规进行操作，可能引起高空坠落，物体打击伤人

带电作业时，工器具、材料应放在专用工具袋内，防止坠落。工器具、材料传递至工作合适位置应固定牢靠，不准随意摆放，避免落物伤人。上下抛掷工器具、材料容易发生失手坠落等情况，所以应使用绝缘绳索拴牢后传递。

4.6 带电作业前后联系调度员

进行带电作业时，无论此次作业是否需要停用线路重合闸装置，作业前后都应该联系调度员，在线路发生异常情况时，调度员可以从保护人身安全角度出发，采用更为妥善的处理方案，避免线路强送电或试送电。在带电作业过程中，线路重合闸装置对带电作业人员的安全起到后备保护的作用。一是在带电作业点发生事故时，线路重合闸装置不启动，避免带电作业人员遭受二次电击的危害；二是非作业点发生故障时，有可能产生内部过电压，线路重合闸装置不启动，避免带电作业人员遭受内部过电压的危害。

4.7 作业前检查作业杆塔、导线等

带电作业前，应对作业点的杆塔、导线等进行外观检查。确认杆根、基础、拉线等是否牢固，严防杆塔倾倒，对作业人员造成严重伤害。确认导线、导线固结点等牢固，防止作业人员触电或损伤设备。

4.8 正确选择绝缘斗臂车位置、检查绝缘斗臂车

根据现场作业环境，地质状态正确布置车辆位置，使支脚受力可靠，绝缘斗臂车在使用前应认真检查其表面状况，若绝缘臂、斗表面存在明显脏污，可用清洁毛巾或棉布擦拭，斗臂车在使用前应空斗试操作一次，确认液压传动、回转、升降、伸缩系统工作正常，操作灵活，制动装置可靠。

4.9 作业过程中引起相间短路

作业前，应对双回路电缆进行相位检测，如果出现两电缆相位交错，在接引时将引起相间短路。

4.10 弧光过大引起事故

空载线路和导线对地都存在电容，在断、接空载线路瞬间会有

电容电流，产生弧光，在断、接过程中应使用与电压等级及电容电流相适应的消弧工具，作业人员应戴护目镜。

5. 防范措施

5.1 作业组人员在整个作业过程中，应严格执行 Q/GDW 1799.2—2013 关于工作票制度、工作监护制度、现场勘查及复查等相关规定。

5.2 主管生产领导或工作票签发人应安排合格的工作负责人和监护人，所安排的工作负责人和监护人不但要求工作组织能力强，业务水平高，更重要的是责任心和安全意识。

5.3 在带电作业过程中，要坚决杜绝工作负责人、工作监护人安全思想麻痹状态，对工作负责人、监护人的选用必须严格遵守 Q/GDW 1799.2—2013 中各项有关规定，选择多年从事带电作业工作，有一定理论基础和丰富实际经验，且有一定的组织能力和对异常情况及事故处理能力的人员担任，并具有高度的安全责任感。

5.4 作业人员必须拒绝违章指挥和强令冒险作业；在发现直接危及人身、电网和设备安全的紧急情况时，立即停止作业或者在采取可能的紧急措施后撤离作业现场，并立即报告。

5.5 由于主管生产领导、工作负责人、工作班成员的安全思想不牢固，对常规带电作业项目，在思想上没有引起足够的重视，安全思想麻痹，造成事故。所以，无论任何人，都应进行坚持不懈的安全思想教育。

5.6 一定要从管理层面进行严格管理，坚决杜绝作业组人员全部或部分存在侥幸的心理状态、怕费事、怕麻烦的情况。

5.7 在接双电缆引线时，带电作业单位、施工单位、设备单位共同确认待接线路绝缘良好，线路上无人作业，且相位正确无误。

案例七　旁路电缆不满足负荷电流要求，致使线路全停

1. 事故简况

某供电公司带电作业班 7 人，利用旁路作业法，使两环网柜之间电缆由运行转检修状态。由于两环网柜之间电缆使用多年，而且负荷不断增加，需要更换两环网柜之间的电缆。工作负责人甲到达作业现场后，对作业现场进行简单勘察，就与调度办理了带电作业许可命令。工作负责人甲宣读工作票，交代安全措施和技术措施，未进行危险点分析，就对工作班成员分工，在没有检测或查阅待检修电缆的负荷电流的情况下，工作班成员将旁路设备铺设完毕，与待检修电缆并列运行，拉开待检修电缆开关（没有对旁路设备和待检修电缆进行检测电流），此时由旁路设备正常供电，当旁路设备供电 10min 左右时，旁路电缆至旁路开关 5m 处过热发生相间短路，造成线路全停，所幸没有人员伤亡。

2. 事故原因

2.1　直接原因

2.1.1　专业管理存在麻痹思想，工作负责人组织工作不利，导致没有组织作业前的现场勘查或勘查不到位，作业组到达现场后，为了尽快完成作业，只是进行了简单的现场复勘，最重要的是没有进行线路的负荷电流检测，导致旁路装备不能满足线路的正常负荷电流。

2.1.2 工作负责人指挥不当，没有按照作业流程要求，在旁路设备接入前必须进行旁路电流检测。

2.1.3 对于难度较大的、复杂的带电作业项目，应制定作业指导书。进行旁路电缆不停电作业时，必须使用倒闸操作票。

2.2 主要原因

2.2.1 主管生产领导对工作安排不当，所安排的作业组人员对本次作业的危险性重视程度不够，工作负责人严重存在责任心不强，盲目指挥作业，存在主管不负责任。

2.2.2 主管生产领导对专业并不十分懂行，只是行于表面，并不懂旁路作业装备的规定承载能力，工作负责人认为既然领导决定，就一定能干，负荷电流肯定不能超过旁路装备的承载能力，所以也就没询问具体负荷电流大小的问题，最终导致事故发生。

2.3 间接原因

2.3.1 本线路的所属运维单位汇报的内容不够详细准确，比如电缆采用的是什么型号的，最大允许长期电流多少，目前负荷电流持续运行在什么状态等，所有这些也是事故发生的又一因素。

3. 违反相关规定

3.1 现场勘察应查看现场施工、检修作业需要停电的范围、保留的带电部位和作业现场的条件、环境及其他危险点等。

3.2 工作负责人的安全责任：① 正确安全地组织工作；② 负责检查工作票所列安全措施是否正确完备，是否符合现场实际条件，必要时予以补充；③ 工作前对工作班成员进行危险点告知，交代安全措施和技术措施，并确认每一个工作班成员都已知晓；④ 严格执行工作票所列安全措施；⑤ 督促、监护工作班成员遵守《安规》、正确使用劳动防护用品和执行现场安全措施。

3.3 工作负责人应时刻掌握作业的进展情况，密切注视作业人员的动作，根据作业方案及作业步骤及时做出适当的指示，整个作业过程中不得放松对危险部位的监护工作。

3.4 工作班成员的安全责任：① 熟悉工作内容、工作流程，掌握安全措施，明确工作中的危险点，并履行确认手续；② 严格遵守安全规章制度、技术规程和劳动纪律，对自己在工作中的行为负责，互相关心工作安全，并监督《安规》的执行和现场安全措施的实施；③ 正确使用安全工器具和劳动防护用品。

3.5 采用旁路作业方式进行电缆线路不停电作业时，负荷电流应小于旁路系统额定电流。

3.6 旁路电缆使用前应进行试验，试验后应充分放电。

3.7 进行旁路电缆不停电作业时，必须使用配电带电作业工作票和配电倒闸操作票。

4. 风险点

4.1 气象条件不符合要求

带电作业应在良好的天气下进行，作业前须进行风速和湿度测量。风力大于 5 级，或湿度大于 80%时，不宜进行带电作业。若遇有雷电、雪、雹、雨、雾等不良天气，禁止带电作业。带电作业过程中若遇有天气突然变化，有可能危及人身及设备安全时，应立即停止工作，撤离人员，恢复设备正常状况，或采取临时安全措施。

4.2 旁路作业装备绝缘不合格，作业时绝缘表面泄漏电流过大

旁路作业装备应按要求敷设在防潮帆布上，对所有装备进行外观仔细检查确认没有损坏、受潮、变形、失灵，否则禁止使用。并

用 2500V 及以上绝缘电阻表或绝缘检测仪进行绝缘检测，阻值不低于 700MΩ。

4.3 作业现场悬挂标志牌和装设围栏

在城区、人口密集区地段或交通道口和通行道路上施工时，应设置安全围栏，安全围栏的范围应考虑作业中所敷设的旁路装备影响道路交通，再用旁路电缆桥架或电缆槽盖，必要时联系交通部门进行协助。

4.4 作业时违反安规、带电作业技术规范，可能引起短路故障

旁路带电作业时，旁路装备装设好后，按照规定，必须在旁路断路器处进行核相。

4.5 带电作业前后联系调度员

进行带电作业时，无论此次作业是否需要停用线路重合闸装置，作业前后都应该联系调度员，在线路发生异常情况时，调度员可以从保护人身安全角度出发，采用更为妥善的处理方案，避免线路强送电或试送电。在带电作业过程中，线路重合闸装置对带电作业人员的安全起到后备保护的作用。一是在带电作业点发生事故时，线路重合闸装置不启动，避免带电作业人员遭受二次电击的危害；二是非作业点发生故障时，有可能产生内部过电压，线路重合闸装置不启动，避免带电作业人员遭受内部过电压的危害。

4.6 作业前检测负荷电流

在旁路作业前，应对所需待检修的电缆线路的负荷电流进行检测，确认是否满足旁路装备的承载能力，如果负荷电流超过旁路装备的最大承载能力，甚至过载能力的允许值，超过规定的热稳定时间，必将烧损旁路装备绝缘，造成接地或短路故障。

5. 防范措施

5.1 作业组人员在整个作业过程中，应严格执行 Q/GDW 1799.2—2013 关于现场勘查及复查等相关规定。

5.2 主管生产领导或工作票签发人应安排合格的工作负责人和监护人，所安排的工作负责人和监护人不但要求工作组织能力强，业务水平高，更重要的是责任心和安全意识。

5.3 在带电作业过程中，要坚决杜绝工作负责人、工作监护人安全思想麻痹状态，对工作负责人、监护人的选用必须严格遵守 Q/GDW 1799.2—2013 中各项有关规定，选择多年从事带电作业工作，有一定理论基础和丰富实际经验，且有一定的组织能力和对异常情况及事故处理能力的人员担任，并具有高度的安全责任感。

5.4 作业人员必须拒绝违章指挥和强令冒险作业；在发现直接危及人身、电网和设备安全及漏项操作等紧急情况时，立即停止作业并提出异议，撤离作业现场，并立即报告。

5.5 由于主管生产领导、工作负责人、工作班成员的安全思想不牢固，对常规带电作业项目，在思想上没有引起足够的重视，安全思想麻痹，造成事故。所以，无论任何人，都应进行坚持不懈的安全思想教育。

5.6 一定要从管理层面进行严格管理，坚决杜绝作业组人员全部或部分存在侥幸的心理状态。

5.7 专责监护人必须对整个作业工程进行不间断监督，禁止漏项操作、越项操作，及时纠正不规范的动作。

案例八 作业人员精神状态不佳，发生事故

1. 事故简况

某供电公司带电作业班 4 人，早上 4 点接到通知，一座 10kV 居民变压器台 A 相跌落式熔断器上引线断线，需要带电接引线作业。工作负责人甲带领 3 人赶赴作业现场，利用绝缘斗臂车采用绝缘手套作业法带电接 10kV 跌落式熔断器上引线作业。到达作业现场时，天已经蒙蒙亮，工作负责人甲得到调度命令后，宣读工作票，进行危险点分析，交代安全措施和技术措施，工作负责人甲在没有了解工作班成员精神状态是否良好的情况下，指派工作班成员乙为斗内电工（乙由于身体不适，没有向工作负责人甲汇报），丙为专责监护人，丁为地面电工。斗内电工乙穿戴好全套的个人绝缘防护用具，系好安全带，操作绝缘斗臂车至作业合适位置，在没有对带电体和接地体采取任何措施的情况下，盲目的拿起已断的带电引线根部，由于带电引线过长，断头距离接地体非常近，带电引线发生颤动，带电引线头碰触接地体，产生单相接地事故，斗内电工乙面部受到轻微烧伤。

2. 事故原因

2.1 直接原因

2.1.1 斗内电工乙在拿起带电引线时，没有对带电引线采取防止摆动的措施，导致带电引线碰触到接地体，是发生事故的直接原因。

2.1.2 斗内电工乙在接触带电体时，没有对作业范围内的接地

体设置绝缘遮蔽隔离措施。

2.1.3 工作负责人在作业前，并没有问询作业人员的身体状态，操作电工由于身体不适，在移动引线的过程中动作过大、操作不规范，造成引线对地放电。

2.2 主要原因

2.2.1 工作负责人现场监护不到位，没有及时制止作业人员未对带电体和接地体采取任何措施的情况下移动引线。

2.2.2 作业人员在作业前，并没有向工作负责人提出自己的精神状态不佳。

2.3 间接原因

2.3.1 地面监护人监督不力，对作业人员的违章操作，即作业人员没有对带电体和接地体采取任何措施，并没有进行要求采取补救，盲目的移动引线，也没有进行制止。

2.3.2 现场勘查不到位，危险点不明确，工作票流于形式，没有制定详细的作业方案。

2.3.3 带电作业现场没有足够的照明设置。

3. 违反相关规定

3.1 工作票签发人的安全职责：① 工作必要性和安全性；② 工作票上所填安全措施是否正确完备；③ 所派工作负责人和工作班人员是否适当和充足。

3.2 工作票签发人未勘查现场，就签发工作票，要求抢修。

3.3 在特殊情况下，必须在恶劣气象天气或夜间进行带电抢修时，应组织有关人员充分讨论并编制必要的安全措施，经本单位分管生产领导（总工程师）批准后方可进行。

3.4 带电作业工作票签发人或工作负责人认为有必要时，应组织有经验的人员到现场勘察，根据勘察结果做出能否进行带电作业的判断，并确定作业方法和所需工具以及应采取的措施。

3.5 工作负责人的安全责任：① 正确安全地组织工作；② 负责检查工作票所列安全措施是否正确完备，是否符合现场实际条件，必要时予以补充；③ 工作前对工作班成员进行危险点告知，交代安全措施和技术措施，并确认每一个工作班成员都已知晓；④ 严格执行工作票所列安全措施；⑤ 督促、监护工作班成员遵守《安规》、正确使用劳动防护用品和执行现场安全措施。

3.6 工作负责人应时刻掌握作业的进展情况，密切注视作业人员的动作，根据作业方案及作业步骤及时做出适当的指示，整个作业过程中不得放松对危险部位的监护工作。

3.7 工作班成员的安全责任：① 熟悉工作内容、工作流程，掌握安全措施，明确工作中的危险点，并履行确认手续；② 严格遵守安全规章制度、技术规程和劳动纪律，对自己在工作中的行为负责，互相关心工作安全，并监督《安规》的执行和现场安全措施的实施；③ 正确使用安全工器具和劳动防护用品。

3.8 带电作业时，作业区域带电导线、横担等应采取相间、相对地的绝缘隔离措施。绝缘隔离措施的范围应比作业人员活动范围增加0.4m以上。

3.9 带电断、接空载设备引线时，应采取防止引线摆动的措施。

4. 危险点

4.1 带电作业时，安全距离不足引起触电

带电作业人员接触带电体时，与接地体应保持0.4m及以上安全

距离，与邻相带电体保持 0.6m 及以上安全距离；带电作业人员接触接地体时，与带电体应保持 0.4m 及以上安全距离，安全距离不足时，做好绝缘遮蔽隔离措施。

4.2 气象条件不符合带电作业要求

带电作业应在良好的天气下进行，作业前须进行风速和湿度测量。风力大于 5 级，或湿度大于 80%时，不宜进行带电作业。若遇有雷电、雪、雹、雨、雾等不良天气，禁止带电作业。带电作业过程中若遇有天气突然变化，有可能危及人身及设备安全时，应立即停止工作，撤离人员，恢复设备正常状况，或采取临时安全措施。

4.3 绝缘工器具不合格，作业时绝缘工器具表面泄漏电流过大

绝缘工器具应按定置要求分类摆放在防潮帆布上，绝缘工器具不能与金属工具、材料混放。检查个人绝缘防护用具、遮蔽用具无针孔、砂眼、裂纹等，绝缘手套必须做充气试验，试验合格证在有效期范围内。绝缘工具使用前应仔细检查确认没有损坏、受潮、变形、失灵，否则禁止使用。并用 2500V 及以上绝缘电阻表或绝缘检测仪进行分段绝缘检测（电极宽 2cm，极间宽 2cm），阻值不低于 700MΩ。

4.4 作业现场悬挂标志牌和装设围栏

在城区、人口密集区地段或交通道口和通行道路上施工时，应设置安全围栏，安全围栏的范围应考虑作业中高空坠落和高空落物的影响以及道路交通，必要时联系交通部门，围栏的出入口应设置合理。

4.5 高空坠落，物体打击伤人

带电作业时，工器具、材料应放在专用工具袋内，防止坠落。工器具、材料传递至工作合适位置应固定牢靠，不准随意摆放，避

免落物伤人。上下抛掷工器具、材料容易发生失手坠落等情况，所以应使用绝缘绳索拴牢后传递。

4.6 带电作业前后联系调度员

进行带电作业时，无论此次作业是否需要停用线路重合闸装置，作业前后都应该联系调度员，在线路发生异常情况时，调度员可以从保护人身安全角度出发，采用更为妥善的处理方案，避免线路强送电或试送电。在带电作业过程中，线路重合闸装置对带电作业人员的安全起到后备保护的作用。一是在带电作业点发生事故时，线路重合闸装置不启动，避免带电作业人员遭受二次电击的危害；二是非作业点发生故障时，有可能产生内部过电压，线路重合闸装置不启动，避免带电作业人员遭受内部过电压的危害。

4.7 作业前检查作业杆塔、导线等

带电作业前，应对作业点的杆塔、导线等进行外观检查。确认杆根、基础、拉线等是否牢固，严防杆塔倾倒，对作业人员造成严重伤害。确认导线、导线固结点等牢固，防止作业人员触电或损伤设备。

4.8 正确选择绝缘斗臂车位置、检查绝缘斗臂车

根据现场作业环境，地质状态正确布置车辆位置，使支脚受力可靠，绝缘斗臂车在使用前应认真检查其表面状况，若绝缘臂、斗表面存在明显脏污，可用清洁毛巾或棉布擦拭，斗臂车在使用前应空斗试操作一次，确认液压传动、回转、升降、伸缩系统工作正常，操作灵活，制动装置可靠。

4.9 作业过程中引起相间短路或接地

作业时，作业区域带电导线、跌落式熔断器等应采取相间、相对地的绝缘隔离措施。禁止同时接触两个非连通的带电导体或带电

导体与接地导体。作业人员与带电体保持规定的安全距离，作业前均需对人体可能触及范围内的带电体和接地体进行绝缘遮蔽，在作业范围狭小，电气设备布置密集处，为保证作业人员对邻相带电体或接地体的有效隔离，在适当位置还应装设绝缘隔板或隔离罩等限制作业者活动范围。

4.10 引线摆动，发生事故

带电断、接空载线路引线，必须用绝缘绳或绝缘支撑杆将其固定牢固，防止摆动而造成相地、相间短路或人身触电。

5. 防范措施

5.1 建立和完善各级人员的安全生产责任制，尤其是生产一线的负责人不能对作业人员失去有效监督。在计划、布置、安排生产工作的同时，要计划、布置、安排好安全监督工作，工作现场要有专门负责安全监督的监护人员，并对作业人员不间断的监护。

5.2 工作负责人要对作业人员的工作全过程进行监督，及时纠正不安全动作。专责监护人除了对作业人员的行为进行监督外，主要监督工作负责人是否严格履行其安全职责，防止“三违”行为的发生。

5.3 在现场工作中，监督并履行好各级人员的岗位职责，纠正个人行为的盲目性和随意性，使每个人的行为服从现场安全措施和技术措施，遵守作业流程，可避免安全生产事故的发生。

5.4 相互提醒、相互监督，共同担负起安全责任。强化“安全生产人人有责”的安全责任意识，切忌有章不循、掉以轻心和纪律松懈，在平时的工作中要注重养成和培养自觉遵章守规的工作习惯。克服少数员工安全工作中存在侥幸、盲从、取巧、逞能等不良心理，切实做到思想到位、责任到位、工作到位、制度落实到位。

5.5 到达现场，开始作业前，开好班前会及危险点分析预控工作。班前会详细交代工作任务、地点、带电部位、安全措施、技术措施、注意事项。工作过程中找准危险点并做好预防控制工作，做到“想好了再干”，避免盲目蛮干行为。

案例九 带电班长不称职，作业中蛮干，发生人身触电

1. 事故简况

某供电公司带电作业班 4 人，采用绝缘杆作业法带电更换 35kV 靠横担侧第一片零值绝缘子，线路设置为水平排列。到达作业现场后，工作负责人甲（刚刚在配电检修班转岗到带电作业班）得到调度命令后，宣读工作票，进行危险点分析，交代安全措施和技术措施，指派工作班成员乙、丙为杆上电工，丁为专责监护人。工作班成员签字确认后，乙、丙电工登杆至适当位置，使用前后卡具、绝缘拉板和托瓶架等工具进行作业，当拔出零值绝缘子前后弹簧销子收紧丝杆，绝缘子串松弛后，使用绝缘操作杆取出零值绝缘子，由于取瓶器卡不住绝缘子，一时无法用绝缘操作杆取出，站在横担上的杆上电工乙便去用手直接将其取出，工作负责人甲没有及时制止，导线对杆上电工乙的右手放电，并经杆上电工乙的左脚接地，烧伤了杆上电工乙的右手和左脚，杆上电工乙险些从横担上摔下。

2. 事故原因

2.1 直接原因

2.1.1 杆上电工乙缺少带电作业经验，作业中遇有异常情况就

束手无策，不知道该怎样处理，用手直接将零值绝缘子取出，带电导线对右手放电，并经左脚接地，是造成事故的直接原因。

2.1.2 杆上电工乙未按照带电作业标准进行作业，在进行零值绝缘子更换这一个简单的常规带电项目操作中，操作取瓶器数次却卡住绝缘子，没有及时向工作负责人汇报，而是主观上用手直接去取，习惯性违章严重、蛮干，造成导线对杆上电工乙的右手放电，引起触电。

2.2　主要原因

2.2.1 主管生产领导对工作负责人安排不当，缺少带电作业经验，对作业方法和危险点落实不到位，是造成本次事故的主要原因。

2.2.2 单位生产管理流于形式，专职监护人在整个作业过程中对作业人员没有做到及时纠正不安全作业行为。

2.3　间接原因

2.3.1 工作负责人甲在作业前，并没有会同作业人员共同确认取瓶器是否选择合适及操作可靠。

2.3.2 杆上电工丙没有做到在作业过程中互相关心施工安全，对他人的违章行为进行及时制止。

3. 违反相关规定

3.1 工作签发人的安全职责：① 工作必要性和安全性；② 工作票所列安全措施是否正确完备；③ 所派工作负责人和工作班成员是否适当和充足。

3.2 工作负责人的安全职责：① 正确安全地组织工作；② 负责检查工作票所列安全措施是否正确完备，是否符合现场实际条件，必要时予以补充；③ 工作前对工作班成员进行危险点告知，交代安全措施和技术措施，并确认每一个工作班成员都已知晓；④ 严格执行工作票所列安全措施；⑤ 督促、监护工作班成员遵守《安规》、正确使用劳动防护用品和执行现场安全措施。

3.3 工作负责人应时刻掌握作业的进展情况，密切注视作业人员的动作，根据作业方案及作业步骤及时做出适当的指示，整个作业过程中不得放松对危险部位的监护工作。

3.4 工作班成员的安全责任：① 熟悉工作内容、工作流程，掌握安全措施，明确工作中的危险点，并履行确认手续；② 严格遵守安全规章制度、技术规程和劳动纪律，对自己在工作中的行为负责，互相关心工作安全，并监督《安规》的执行和现场安全措施的实施；③ 正确使用安全工器具和劳动防护用品。

3.5 带电作业时，作业区域带电导线、横担等应采取相间、相对地的绝缘隔离措施。绝缘隔离措施的范围应比作业人员活动范围增加0.4m 以上。

3.6 参加带电作业的人员，应经专门培训，并经考试合格取得资格、单位书面批准后，方能参加相应的作业。

3.7 带电作业人员不宜与其他专业带电作业人员、停电检修作业人员混岗。带电作业人员应保持相对稳定，人员变动应征求本单位带电作业主管部门的意见。

4. 危险点

4.1 带电作业时，安全距离不足引起触电

带电作业人员接触带电体时，与接地体应保持 0.4m 及以上安全距离，与邻相带电体保持 0.6m 及以上安全距离；带电作业人员接触接地体时，与带电体应保持 0.4m 及以上安全距离，安全距离不足

时，做好绝缘遮蔽隔离措施。

4.2 气象条件不符合要求

带电作业应在良好的天气下进行，作业前须进行风速和湿度测量。风力大于 5 级，或湿度大于 80%时，不宜进行带电作业。若遇有雷电、雪、雹、雨、雾等不良天气，禁止带电作业。带电作业过程中若遇有天气突然变化，有可能危及人身及设备安全时，应立即停止工作，撤离人员，恢复设备正常状况，或采取临时安全措施。

4.3 绝缘工器具不合格，作业时绝缘工器具表面泄漏电流过大

绝缘工器具应按定置要求分类摆放在防潮帆布上，绝缘工器具不能与金属工具、材料混放。检查个人绝缘防护用具、遮蔽用具无针孔、砂眼、裂纹等，绝缘手套必须做充气试验，试验合格证在有效期范围内。绝缘工具使用前应仔细检查确认没有损坏、受潮、变形、失灵，否则禁止使用。并用 2500V 及以上绝缘电阻表或绝缘检测仪进行分段绝缘检测（电极宽 2cm，极间宽 2cm），阻值不低于 700MΩ。

4.4 作业现场悬挂标志牌和装设围栏

在城区、人口密集区地段或交通道口和通行道路上施工时，应设置安全围栏，安全围栏的范围应考虑作业中高空坠落和高空落物的影响以及道路交通，必要时联系交通部门，围栏的出入口应设置合理。

4.5 作业时违反安规进行操作，可能引起高空坠落，物体打击伤人

带电作业时，工器具、材料应放在专用工具袋内，防止坠落。工器具、材料传递至工作合适位置应固定牢靠，不准随意摆放，避免落物伤人。上下抛掷工器具、材料容易发生失手坠落等情况，所以应使用绝缘绳索拴牢后传递。

4.6　带电作业前后联系调度员

进行带电作业时，无论此次作业是否需要停用线路重合闸装置，作业前后都应该联系调度员，在线路发生异常情况时，调度员可以从保护人身安全角度出发，采用更为妥善的处理方案，避免线路强送电或试送电。在带电作业过程中，线路重合闸装置对带电作业人员的安全起到后备保护的作用。一是在带电作业点发生事故时，线路重合闸装置不启动，避免带电作业人员遭受二次电击的危害；二是非作业点发生故障时，有可能产生内部过电压，线路重合闸装置不启动，避免带电作业人员遭受内部过电压的危害。

4.7　作业前检查作业杆塔、导线等

带电作业前，应对作业点的杆塔、导线等进行外观检查。确认杆根、基础、拉线等是否牢固，严防杆塔倾倒，对作业人员造成严重伤害。确认导线、导线固结点等牢固，防止作业人员触电或损伤设备。

4.8　登高时，脚钉松动或变形

登杆时，应对脚钉逐一检查，脚钉松动或变形必须进行固定和更换，缺失的脚钉必须补齐，以防在攀登过程中发生意外。并应有意识地对脚钉进行冲击试验，以确认可靠。禁止携带材料等进行登杆或在杆上移位，防止材料等失落，砸伤地面人员或损坏材料。严禁利用绳索、拉线上下杆塔，防止绳索、拉线出现断裂情况导致作业人员坠落。

4.9　登高作业时，不按要求使用安全带

安全带是高处作业人员预防坠落伤亡的防护用品，应采用双控、双保险的挂钩，以防挂钩脱落。双控背带式安全带配件应齐全。在高空作业中，为了提高安全保护系数，避免工作人员转位或

发生意外时出现失去保护的情况，应使用有后备绳或速差自锁器的双控背带式安全带，为工作人员提供双重保护。

4.10 杆上作业人员操作不当，使导线脱落

绝缘子卡具应安装正确，固定可靠，在收紧丝杠时应缓慢操作，并时刻检查各部受力情况，更换绝缘子后，应缓慢放松丝杠，使绝缘子受力，安装弹簧销，然后安全拆除卡具。

5. 防范措施

5.1 加强作业人员对带电作业基本知识和实际操作技能的培训，加强相关规程制度的学习，提高理论水平和业务技能。

5.2 加强带电作业人员资格管理，严格执行“带电作业人员应经专门培训，并经考试合格，取得带电资格证后才能参加带电作业”的规定。

5.3 作业前应召开班前会，认真分析事故中存在的危险点，组织全体人员充分讨论，制订可靠的安全措施和事故预案。

5.4 工作负责人应由带电作业经验丰富的人员担任，他是作业任务的组织者和领导者，遇到不安全因素和危险情况时，要采取坚决、果断的措施。对作业中可能出现的问题有一定的预见性，并有相当的处理异常问题的能力。带电作业决不允许不具备条件的人员担任工作负责人，他无能力制止作业中的错误操作和及早发现操作中的不安全动作。对工作负责人的选用必须严格遵守 Q/GDW 1799.2—2013 中各项有关规定，选择多年从事带电作业工作，有一定理论基础和丰富实际经验，且有一定的组织能力和对异常情况及事故处理能力的人员担任。

5.5 所有人员有权拒绝违章指挥和强令冒险作业；在发现直接危及

人身、电网和设备安全的紧急情况时，有权停止作业或者在采取可能的紧急措施后撤离作业现场，并立即报告。

5.6 不论对谁都应坚持不懈地进行安全思想教育，由于主管生产领导、工作负责人、工作班成员的安全思想不牢固，对简单的常规带电作业项目，在思想上没有引起足够的重视，安全思想麻痹，造成事故。所以，无论是否是简单的现场作业，都应进行坚持不懈的安全思想教育，督促他们树立起牢固的“安全第一、预防为主、综合治理”的思想，以达到防患于未然。

案例十　作业前未复勘作业现场，带电接电缆引线，造成接地事故

1. 事故简况

某供电公司带电作业班 4 人，利用绝缘斗臂车采用绝缘手套作业法带电接 10kV 电缆引线，线路设置为水平排列。该电缆线路长 786m，后接有一台环网柜，带有一座 315kVA 箱式变电站。该电缆由于故障造成主线路跳闸，运行人员将该电缆退出运行后，经处理完毕并试验合格后，由带电作业班负责接电缆引线作业。到达作业现场后，工作负责人甲得到调度命令后，宣读工作票，进行危险点分析，交代安全措施和技术措施，指派工作班成员乙为斗内电工，丙为专责监护人，丁为地面电工。工作班成员签字确认后，斗内电工乙穿戴全套个人绝缘防护用具，系好安全带，操作绝缘斗臂车进入到工作位置。斗内电工乙接第一相电缆引线时，“砰……”一声弧

光接地短路，造成斗内电工乙严重电弧烧伤。经检查，电缆班工作人员在处理完电缆故障后，未将环网柜主进电缆接地开关拉开。

2. 事故原因

2.1 直接原因

2.1.1 工作负责人甲未能正确地组织工作，没有对待接的电缆线路和环网柜进行检查，确认环网柜接地开关在开位，是发生事故的直接原因。

2.1.2 在接电缆引线的过程中，采用的方法不正确，没有使用消弧开关。

2.2 主要原因

2.2.1 电缆班工作人员在处理完电缆故障后，未将环网柜主进电缆接地开关拉开，并未向带电作业班人员告知。

2.2.2 作业人员存在安全思想麻痹现象，没有按照作业要求进行检测，先用绝缘电阻表测量电缆线路相间和相对地的绝缘电阻达到规定值。

2.3 间接原因

2.3.1 工作负责人甲现场监护不到位，对工作班人员作业漏项、违规作业没能及时制止。

2.3.2 没有检查工作票所列安全措施是否正确完备，是否符合现场实际条件。

3. 违反相关规定

3.1 现场勘察应查看现场施工、检修作业需要停电的范围、保留的带电部位和作业现场的条件、环境及其他危险点等。

3.2 工作负责人的安全责任：① 正确安全地组织工作；② 负责检查工作票所列安全措施是否正确完备，是否符合现场实际条件，必要时予以补充；③ 工作前对工作班成员进行危险点告知，交代安全措施和技术措施，并确认每一个工作班成员都已知晓；④ 严格执行工作票所列安全措施；⑤ 督促、监护工作班成员遵守《安规》、正确使用劳动防护用品和执行现场安全措施。

3.3 工作负责人应时刻掌握作业的进展情况，密切注视作业人员的动作，根据作业方案及作业步骤及时做出适当的指示，整个作业过程中不得放松对危险部位的监护工作。

3.4 带电断、接空载线路时，应确认线路的另一端断路器（开关）和隔离开关（刀闸）确已断开，接入线路侧的变压器、电压互感器确已退出运行后，方可进行。

3.5 带电断、接空载线路时，作业人员应戴护目镜，并应采取消弧措施。

3.6 工作班成员的安全责任：① 熟悉工作内容、工作流程，掌握安全措施，明确工作中的危险点，并履行确认手续；② 严格遵守安全规章制度、技术规程和劳动纪律，对自己在工作中的行为负责，互相关心工作安全，并监督《安规》的执行和现场安全措施的实施；③ 正确使用安全工器具和劳动防护用品。

3.7 在查明线路确无接地、绝缘良好、线路上无人工作且相位确认无误后，方可进行带电断、接引线的规定。

4. 危险点

4.1 带电作业时，安全距离不足引起触电

带电作业人员接触带电体时，与接地体应保持 0.4m 及以上安全

距离，与邻相带电体保持 0.6m 及以上安全距离；带电作业人员接触接地体时，与带电体应保持 0.4m 及以上安全距离，安全距离不足时，做好绝缘遮蔽隔离措施。

4.2　气象条件不符合带电作业要求

带电作业应在良好的天气下进行，作业前须进行风速和湿度测量。风力大于 5 级，或湿度大于 80%时，不宜进行带电作业。若遇有雷电、雪、雹、雨、雾等不良天气，禁止带电作业。带电作业过程中若遇有天气突然变化，有可能危及人身及设备安全时，应立即停止工作，撤离人员，恢复设备正常状况，或采取临时安全措施。

4.3　绝缘工器具不合格，作业时绝缘工器具表面泄漏电流过大

绝缘工器具应按定置要求分类摆放在防潮帆布上，绝缘工器具不能与金属工具、材料混放。检查个人绝缘防护用具、遮蔽用具无针孔、砂眼、裂纹等，绝缘手套必须做充气试验，试验合格证在有效期范围内。绝缘工具使用前应仔细检查确认没有损坏、受潮、变形、失灵，否则禁止使用。并用 2500V 及以上绝缘电阻表或绝缘检测仪进行分段绝缘检测（电极宽 2cm，极间宽 2cm），阻值不低于 700MΩ。

4.4　作业现场悬挂标志牌和装设围栏

在城区、人口密集区地段或交通道口和通行道路上施工时，应设置安全围栏，安全围栏的范围应考虑作业中高空坠落和高空落物的影响以及道路交通，必要时联系交通部门，围栏的出入口应设置合理。

4.5　高空坠落，物体打击伤人

带电作业时，工器具、材料应放在专用工具袋内，防止坠落。工器具、材料传递至工作合适位置应固定牢靠，不准随意摆放，避

免落物伤人。上下抛掷工器具、材料容易发生失手坠落等情况，所以应使用绝缘绳索拴牢后传递。

4.6 带电作业前后联系调度员

进行带电作业时，无论此次作业是否需要停用线路重合闸装置，作业前后都应该联系调度员。在线路发生异常情况时，调度员可以从保护人身安全角度出发，采用更为妥善的处理方案，避免线路强送电或试送电。在带电作业过程中，线路重合闸装置对带电作业人员的安全起到后备保护的作用。一是在带电作业点发生事故时，线路重合闸装置不启动，避免带电作业人员遭受二次电击的危害；二是非作业点发生故障时，有可能产生内部过电压，线路重合闸装置不启动，避免带电作业人员遭受内部过电压的危害。

4.7 正确选择绝缘斗臂车位置、检查绝缘斗臂车

根据现场作业环境，地质状态正确布置车辆位置，使支脚受力可靠，绝缘斗臂车在使用前应认真检查其表面状况，若绝缘臂、斗表面存在明显脏污，可用清洁毛巾或棉布擦拭，斗臂车在使用前应空斗试操作一次，确认液压传动、回转、升降、伸缩系统工作正常，操作灵活，制动装置可靠。

4.8 作业过程中电缆的电容电流过大伤人

接引前应使电缆对地放电，采用消弧开关、消弧棒进行操作。

4.9 作业过程中引起相间短路或接地

作业时，作业区域带电导线、电缆引线等应采取相间、相对地的绝缘隔离措施。禁止同时接触两个非连通的带电导体或带电导体与接地导体。作业人员与带电体保持规定的安全距离，作业前均需对人体可能触及范围内的带电体和接地体进行绝缘遮蔽，在作业范

围狭小，电气设备布置密集处，为保证作业人员对邻相带电体或接地体的有效隔离，在适当位置还应装设绝缘隔板或隔离罩等限制作业者活动范围。

5. 防范措施

5.1 由于主管生产领导、工作负责人、工作班成员的安全思想不牢固，对简单的常规带电作业项目，在思想上没有引起足够的重视，安全思想麻痹，对现场勘查或复查不到位，便进行现场作业造成事故。所以，不论对谁都应坚持不懈地进行安全思想教育，无论对是否简单的现场作业，都应时刻树立起牢固的“安全第一、预防为主、综合治理”的思想，以达到防患于未然。

5.2 作业人员应认真执行工作票所列安全措施，按标准化作业指导书规定执行，工作负责人和监护人应认真履行职责，认真检查现场设备状态是否与工作票所要求一致。

5.3 监护人应对作业人员的操作全过程进行不间断监督，及时纠正不规范的动作，对操作步骤进行及时并必要的提示，防止漏项。

5.4 在带电作业过程中，要坚决杜绝工作负责人、工作监护人安全思想麻痹状态，使其能够集中精力监督整个作业过程，及时制止作业中的误操作和及早发现操作中的不安全动作。对工作负责人、监护人的选用必须严格遵守 Q/GDW 1799.2—2013 中各项有关规定，选择多年从事带电作业工作，有一定理论基础和丰富实际经验，且有一定的组织能力和对异常情况及事故处理能力的人员担任，并具有高度的安全责任感。

案例十一　代培人员直接参加作业，造成单相接地故障

1. 事故简况

某供电公司带电作业班 3 人，采用绝缘斗臂车绝缘手套业法带电更换 10kV 直线杆针式绝缘子工作，线路设置为水平排列。到达作业现场后，工作负责人甲得到调度命令后，宣读工作票，进行危险点分析，交代安全措施和技术措施，由于工作较简单，指派工作班成员乙（代培人员）为斗内电工，丙为地面电工。工作班成员签字确认后，斗内电工乙穿戴全套个人绝缘防护用具，系好安全带，进入到工作位置，进行绝缘遮蔽后，开始进行更换针式绝缘子作业，在更换针式绝缘子后，恢复绑线过程中，斗内电工乙动作幅度过大，造成绑线与未遮蔽严的绝缘子的铁脚放电，造成单相接地故障。

2. 事故原因

2.1　直接原因

2.1.1　斗内电工乙在带电恢复绑扎线过程中，没有对接地体进行有效的绝缘遮蔽，造成单相接地故障，是发生事故的直接原因。

2.1.2　工作班成员乙（代培人员）为斗内电工非带电作业人员，没有按照带电作业标准进行作业，造成安全距离不够引起接地放电。

2.2　主要原因

2.2.1　生产管理不严谨，工作负责人甲对作业人员安排不当，

是造成本次事故的主要原因。

2.2.2 作业现场管理流于形式，工作负责人甲对作业人员（代培人员）无配电带电作业资格证书而进行带电作业的行为，疏于考虑是本次事故的又一主要原因。

2.3 间接原因

2.3.1 工作负责人甲未正确安全地组织工作，监护不到位，没有及时制止斗内电工乙动作幅度过大，并放松对其监护。

2.3.2 工作票签发人没有履行核对所派工作负责人和工作班人员是否适当和充足的规定。

3. 违反相关规定

3.1 工作票签发人的安全职责：① 工作必要性和安全性；② 工作票所列安全措施是否正确完备；③ 所派工作负责人和工作班成员是否适当和充足。

3.2 工作负责人的安全责任：① 正确安全地组织工作；② 负责检查工作票所列安全措施是否正确完备，是否符合现场实际条件，必要时予以补充；③ 工作前对工作班成员进行危险点告知，交代安全措施和技术措施，并确认每一个工作班成员都已知晓；④ 严格执行工作票所列安全措施；⑤ 督促、监护工作班成员遵守《安规》、正确使用劳动防护用品和执行现场安全措施。

3.3 应时刻掌握作业的进展情况，密切注视作业人员的动作，根据作业方案及作业步骤及时做出适当的指示，整个作业过程中不得放松对危险部位的监护工作。

3.4 参加带电作业的人员，应经专门培训，并经考试合格取得资格、单位书面批准后，方能参加相应的作业。

3.5　违反带电作业人员应持证上岗的规定，不得安排不熟悉带电作业操作程序的人员从事带电作业，违反带电作业人员培训取证和管理规定，工作票签发人没有履行核对所派工作负责人和工作班人员是否适当和充足的规定。

3.6　工作班成员的安全职责：① 熟悉工作内容、工作流程，掌握安全措施，明确工作中的危险点，并履行确认手续；② 严格遵守安全规章制度、技术规程和劳动纪律，对自己在工作中的行为负责，互相关心工作安全，并监督《安规》的执行和现场安全措施的实施；③ 作业人员正确使用安全工器具和劳动防护用品。

3.7　违反带电作业人员应持证上岗的规定，不得安排不熟悉带电作业操作程序的人员从事带电作业。

4. 危险点

4.1　带电作业时，安全距离不足引起触电

带电作业人员接触带电体时，与接地体应保持 0.4m 及以上安全距离，与邻相带电体保持 0.6m 及以上安全距离；带电作业人员接触接地体时，与带电体应保持 0.4m 及以上安全距离，安全距离不足时，做好绝缘遮蔽隔离措施。

4.2　气象条件不符合带电作业要求

带电作业应在良好的天气下进行，作业前须进行风速和湿度测量。风力大于 5 级，或湿度大于 80%时，不宜进行带电作业。若遇有雷电、雪、雹、雨、雾等不良天气，禁止带电作业。带电作业过程中若遇有天气突然变化，有可能危及人身及设备安全时，应立即停止工作，撤离人员，恢复设备正常状况，或采取临时安全措施。

4.3 绝缘工器具不合格，作业时绝缘工器具表面泄漏电流过大

绝缘工器具应按定置要求分类摆放在防潮帆布上，绝缘工器具不能与金属工具、材料混放。检查个人绝缘防护用具、遮蔽用具无针孔、砂眼、裂纹等，绝缘手套必须做充气试验，试验合格证在有效期范围内。绝缘工具使用前应仔细检查确认没有损坏、受潮、变形、失灵，否则禁止使用。并用 2500V 及以上绝缘电阻表或绝缘检测仪进行分段绝缘检测（电极宽 2cm，极间宽 2cm），阻值不低于 700MΩ。

4.4 作业现场悬挂标志牌和装设围栏

在城区、人口密集区地段或交通道口和通行道路上施工时，应设置安全围栏，安全围栏的范围应考虑作业中高空坠落和高空落物的影响以及道路交通，必要时联系交通部门，围栏的出入口应设置合理。

4.5 高空坠落，物体打击伤人

带电作业时，工器具、材料应放在专用工具袋内，防止坠落。工器具、材料传递至工作合适位置应固定牢靠，不准随意摆放，避免落物伤人。上下抛掷工器具、材料容易发生失手坠落等情况，所以应使用绝缘绳索拴牢后传递。

4.6 带电作业前后联系调度员

进行带电作业时，无论此次作业是否需要停用线路重合闸装置，作业前后都应该联系调度员，在线路发生异常情况时，调度员可以从保护人身安全角度出发，采用更为妥善的处理方案，避免线路强送电或试送电。在带电作业过程中，线路重合闸装置对带电作业人员的安全起到后备保护的作用。一是在带电作业点发生事故时，线路重合闸装置不启动，避免带电作业人员遭受二次电击的危

害；二是非作业点发生故障时，有可能产生内部过电压，线路重合闸装置不启动，避免带电作业人员遭受内部过电压的危害。

4.7 正确选择绝缘斗臂车位置、检查绝缘斗臂车

根据现场作业环境，地质状态正确布置车辆位置，使支脚受力可靠，绝缘斗臂车在使用前应认真检查其表面状况，若绝缘臂、斗表面存在明显脏污，可用清洁毛巾或棉布擦拭，斗臂车在使用前应空斗试操作一次，确认液压传动、回转、升降、伸缩系统工作正常，操作灵活，制动装置可靠。

4.8 绑线在拆除和绑扎过程中，尾部过长，造成短路或接地

在整个作业过程中，做好必要的遮蔽和防护措施，及时将尾线回卷，作业人员必须控制好操作时，动作幅度不应过大，以免造成短路或接地故障。

5. 防范措施

5.1 规范并严格执行带电作业人员管理制度，提高操作程序实际的针对性和效果。

5.2 加强作业中的安全监护，及时纠正违章动作。

5.3 带电作业人员应经过严格培训，经考试合格并取得资格证后方能进行带电作业。

5.4 带电作业决不允许不具备条件或不负责任的人员担任工作负责人，他无能力制止作业中的错误操作和及早发现操作中的不安全动作。对工作负责人的选用必须严格遵守 Q/GDW 1799.2—2013 中各项有关规定，选择多年从事带电作业工作，有一定理论基础和丰富实际经验，且有一定的组织能力和对异常情况及事故处理能力的人员担任。

5.5 严格执行所有人员有权拒绝违章指挥和强令冒险作业的规定；在发现直接危及人身、电网和设备安全的紧急情况时，有权停止作业或者在采取可能的紧急措施后撤离作业现场，并立即报告。

5.6 不论对谁都应坚持不懈地进行安全思想教育，由于主管生产领导、工作负责人、工作班成员的安全思想不牢固，对简单的常规带电作业项目，在思想上没有引起足够的重视，认为不会有异常情况发生，便进行现场作业造成事故。所以，无论是否是简单的现场作业，都应进行坚持不懈的安全思想教育，督促他们树立起牢固的“安全第一、预防为主、综合治理”的思想，以达到防患于未然。

第二部分　人为因素

本部分主要搜集归类人为因素案例，并进行了针对性综合分析，分别从人员行为方面、人员专业技能方面、人员安全意识方面、人员思想方面、人员个人能力方面等结合每起事故案例进行细致分析，主要存在作业人员图省事，未严格执行标准化作业指导书和作业程序卡；安全意识淡薄、自我保护意识差，作业时不熟悉相关规程和操作程序，严重违章；安全思想麻痹，我行我素，盲目蛮干；未采取正确的绝缘遮蔽及绝缘隔离措施；在带电作业过程中，随意摘下个人防护用具；未设置绝缘遮蔽隔离措施；经验不足，选择作业方法不正确；作业人员野蛮施工；工作负责人（监护人）直接操作和兼做其他工作等问题，并对这些问题进行了阐述。

案例一　紧固松脱拉线，导致作业人员触电

1. 事故简况

某供电公司带电作业班 4 人，利用绝缘斗臂车采用绝缘手套作业法，进行 10kV 带电紧固松脱拉线作业，线路设置为水平排列。到达作业现场后，工作负责人甲得到调度命令后，宣读工作票，进行危险点分析，交代安全措施和技术措施，指派工作班成员乙为斗内电工，丙为专责监护人，丁为地面电工。工作班成员签字确认后，斗内电工乙穿戴全套个人绝缘防护用具，系好安全带，操作绝缘斗臂车进入工作位置。该松脱拉线两侧有低压线和低压电缆，工作方案为：斗内电工乙与地面电工丁两人互相配合，同时紧拉线的上下两端。由于该拉线地面螺栓被埋在土里，在开挖后，地面电工丁在专责监护人丙的辅助下开始紧螺栓。地面电工丁手中活动扳手突然滑落，拉线猛地舞动起来，碰触附近的低压线路，地面电工丁触电跌倒。

2. 事故原因

2.1　直接原因

2.1.1　斗内电工乙违章作业图省事，未对低压线路进行有效遮蔽，是造成事故的直接原因。

2.1.2　整个作业过程中违反带电作业操作规程，未对松脱的拉线采取可靠固定和有效支撑，造成地面电工被电击。

2.2　主要原因

2.2.1　工作负责人未对现场进行仔细勘察，违反带电作业规程

中对危险性、复杂性和困难程度较大的作业项目，应组织全体作业人员充分讨论，编制组织、技术、安全措施的规定，是造成本次事故的主要原因。

2.2.2 工作负责人未严格执行标准化作业指导书和作业程序卡，盲目指挥，在没有对工作班成员告知危险点的情况下盲目工作，是造成此次事故的主要原因。

2.2.3 未严格执行标准化作业指导书和作业程序卡，习惯性违章，工作负责人现场安全监督工作流于形式，未认真履行职责，没有做好现场监护，应负此次事故的主要责任。

2.3 间接原因

2.3.1 工作负责人甲未正确安全地组织工作，对未严格执行标准化作业指导书和作业程序卡的作业行为，没有及时制止。

2.3.2 拉线与带电体的安全距离不足而强行作业，监护人没能起到监护作用，并放松对作业人员的监护。

3. 违反相关规定

3.1 现场勘察应查看现场施工、检修作业需要停电的范围、保留的带电部位和作业现场的条件、环境及其他危险点等。

3.2 工作负责人的职责：① 正确安全地组织工作；② 负责检查工作票所列安全措施是否正确完备，是否符合现场实际条件，必要时应予以补充；③ 督促、监护工作班成员遵守《安规》、正确使用劳动防护用品和执行现场安全措施；④ 严格执行工作票所列安全措施。

3.3 应时刻掌握作业的进展情况，密切注视作业人员的动作，根据作业方案及作业步骤及时做出适当的指示，整个作业过程中不得放松对危险部位的监护工作。

3.4 工作班成员的职责：① 熟悉工作内容、工作流程，掌握安全措施，明确工作中的危险点，并履行确认手续；② 严格遵守安全规章制度、技术规程和劳动纪律，对自己在工作中的行为负责，互相关心工作安全，并监督《安规》的执行和现场安全措施的实施；③ 作业人员正确使用安全工器具和劳动防护用品。

3.5 进行直接接触 20kV 及以下电压等级带电设备的作业时，应穿着合格的绝缘防护用具（绝缘服或绝缘披肩、绝缘手套、绝缘鞋）；使用前应对绝缘防护用具进行外观检查。作业过程中禁止摘下绝缘防护用具。

3.6 对作业范围内的带电导线、针式绝缘子、横担等均应进行采取绝缘遮蔽隔离措施。

4. 危险点

4.1 带电作业时，安全距离不足引起触电

带电作业人员接触带电体时，与接地体应保持（低压线）0.4m 及以上安全距离，与邻相带电体保持 0.6m 及以上安全距离；带电作业人员接触接地体时，与带电体应保持 0.4m 及以上安全距离，安全距离不足时，做好绝缘遮蔽隔离措施。

4.2 气象条件不符合带电作业要求

带电作业应在良好的天气下进行，作业前须进行风速和湿度测量。风力大于 5 级，或湿度大于 80%时，不宜进行带电作业。若遇有雷电、雪、雹、雨、雾等不良天气，禁止带电作业。带电作业过程中若遇有天气突然变化，有可能危及人身及设备安全时，应立即停止工作，撤离人员，恢复设备正常状况，或采取临时安全措施。

4.3 绝缘工器具不合格，作业时绝缘工器具表面泄漏电流过大

绝缘工器具应按定置要求分类摆放在防潮帆布上，绝缘工器具不能与金属工具、材料混放。检查个人绝缘防护用具、遮蔽用具无针孔、砂眼、裂纹等，绝缘手套必须做充气试验，试验合格证在有效期范围内。绝缘工具使用前应仔细检查确认没有损坏、受潮、变形、失灵，否则禁止使用。并用 2500V 及以上绝缘电阻表或绝缘检测仪进行分段绝缘检测（电极宽 2cm，极间宽 2cm），阻值不低于 700MΩ。

4.4 作业现场悬挂标志牌和装设围栏

在城区、人口密集区地段或交通道口和通行道路上施工时，应设置安全围栏，安全围栏的范围应考虑作业中高空坠落和高空落物的影响以及道路交通，必要时联系交通部门，围栏的出入口应设置合理。

4.5 高空坠落，物体打击伤人

带电作业时，工器具、材料应放在专用工具袋内，防止坠落。工器具、材料传递至工作合适位置应固定牢靠，不准随意摆放，避免落物伤人。上下抛掷工器具、材料容易发生失手坠落等情况，所以应使用绝缘绳索拴牢后传递。

4.6 带电作业前后联系调度员

进行带电作业时，无论此次作业是否需要停用线路重合闸装置，作业前后都应该联系调度员，在线路发生异常情况时，调度员可以从保护人身安全角度出发，采用更为妥善的处理方案，避免线路强送电或试送电。在带电作业过程中，线路重合闸装置对带电作业人员的安全起到后备保护的作用。一是在带电作业点发生事故时，线路重合闸装置不启动，避免带电作业人员遭受二次电击的危

害；二是非作业点发生故障时，有可能产生内部过电压，线路重合闸装置不启动，避免带电作业人员遭受内部过电压的危害。

4.7 正确选择绝缘斗臂车位置、检查绝缘斗臂车

根据现场作业环境，地质状态正确布置车辆位置，使支脚受力可靠，绝缘斗臂车在使用前应认真检查其表面状况，若绝缘臂、斗表面存在明显脏污，可用清洁毛巾或棉布擦拭，斗臂车在使用前应空斗试操作一次，确认液压传动、回转、升降、伸缩系统工作正常，操作灵活，制动装置可靠。

4.8 拉线在紧固过程中，产生摆动或断线，造成短路或接地

在整个作业过程中，做好对邻近线路必要的遮蔽和防护措施，控制好松脱的拉线，作业人员必须控制好操作动作，动作幅度不应过大，使拉线缓慢受力，并时刻检查拉线的受力状态，以免断线造成触电或接地故障。

5. 防范措施

5.1 工作班成员要加强自我保护意识，加强自身的业务技术学习和安全意识，任何工作都要把安全措施放在第一位。

5.2 对辅助电工应加强安全监督和技能培训，提高自我保护意识，做好监督和辅助工作。

5.3 对班组进行安全生产整顿，经安全教育和技能培训，考试合格后，才能恢复作业。

5.4 工作过程中，开好班前会、班后会及危险点分析预控工作。班前会详细交代工作任务、地点、带电部位、安全措施、注意事项。工作过程中找准危险点并做好预防控制工作，做到“想好了再干”，避免盲目蛮干行为。班后会做好总结，针对存在的问题提出防范措施，并抓好落实工作。

5.5 所有人员有权拒绝违章指挥和强令冒险作业；在发现直接危及人身、电网和设备安全的紧急情况时，有权停止作业或者在采取可能的紧急措施后撤离作业现场，并立即报告。

案例二　绝缘斗臂车停放不当，作业人员坠落

1. 事故简况

某供电公司带电作业班 4 人，利用绝缘斗臂车采用绝缘手套作业法，进行 10kV 带电接支接线路引线作业，线路设置为水平排列，采用折臂双斗绝缘斗臂车。到达作业现场后，工作负责人甲得到调度命令后，宣读工作票，进行危险点分析，交代安全措施和技术措施，指派工作班成员乙为斗内电工，丙为专责监护人，丁为地面电工。工作班成员签字确认后，斗内电工乙穿戴全套个人绝缘防护用具，系好安全带，操作绝缘斗臂车进入工作位置。在接好两相（中相和边相）引线后，由于另一边相引线位置较远，车辆已限位，斗内电工乙解开安全带从一侧工作斗跳至另一侧工作斗，绝缘斗臂车倾翻，斗内电工乙坠落地面死亡。事后发现绝缘斗臂车支腿落在排污沟的水泥盖板上，斗内电工乙换斗时斗臂车晃动，该盖板断裂。

2. 事故原因

2.1　直接原因

2.1.1 该绝缘斗臂车支腿落在排污沟的水泥盖板上，斗内电工乙换斗时斗臂车晃动，该盖板断裂，是造成事故的直接原因。

2.1.2 作业人员安全意识淡薄、自我保护意识差，作业时不熟悉相关规程和操作程序，严重违章。

2.2 主要原因

2.2.1 专职监护人监护不到位，对斗内电工乙在转移作业位置时失去安全保护和没有正确使用安全带的行为没有制止，是造成事故的主要原因。

2.2.2 作业现场管理流于形式，工作负责人甲未履行工作负责人职责，未检查支腿情况。在作业人员出现不安全情况和危险动作时，没有及时制止。

2.3 间接原因

2.3.1 工作负责人甲未正确安全地组织工作，没能够结合作业现场实际情况重新调整斗臂车的位置。

2.3.2 工作负责人带电作业经验不丰富，现场安全措施落实不到位，对斗臂车的作业半径和现场的作业范围估算不够，对沟盖板的承载能力估量欠妥。

3. 违反相关规定

3.1 高处作业人员在转移作业位置时不准失去安全保护和绝缘斗中的作业人员应正确使用安全带和绝缘工具的规定。

3.2 高架绝缘斗臂车操作人员应服从工作负责人的指挥的规定。督促、监护工作班成员遵守《安规》、正确使用劳动防护用品和执行现场安全措施。

3.3 工作负责人应时刻掌握作业的进展情况，密切注视作业人员的动作，根据作业方案及作业步骤及时做出适当的指示，整个作业过程中不得放松对危险部位的监护工作。

3.4 绝缘斗臂车支撑应稳固可靠，并有防倾覆措施的规定。

3.5 工作负责人的安全职责：① 正确安全地组织工作；② 负责检查工作票所列安全措施是否正确完备，是否符合现场实际条件，必要时应予以补充；③ 督促、监护工作班成员遵守《安规》、正确使用劳动防护用品和执行现场安全措施；④ 严格执行工作票所列安全措施。

3.6 工作班成员的安全职责：① 熟悉工作内容、工作流程，掌握安全措施，明确工作中的危险点，并履行确认手续；② 严格遵守安全规章制度、技术规程和劳动纪律，对自己在工作中的行为负责，互相关心工作安全，并监督《安规》的执行和现场安全措施的实施；③ 作业人员正确使用安全工器具和劳动防护用品。

3.7 作业人员进行换相工作转移前，应得到工作负责人（监护人）的同意。

4. 危险点

4.1 带电作业时，安全距离不足引起触电

带电作业人员接触带电体时，与接地体应保持 0.4m 及以上安全距离，与邻相带电体保持 0.6m 及以上安全距离；带电作业人员接触接地体时，与带电体应保持 0.4m 及以上安全距离，安全距离不足时，做好绝缘遮蔽隔离措施。

4.2 气象条件不符合要求

带电作业应在良好的天气下进行，作业前须进行风速和湿度测量。风力大于 5 级，或湿度大于 80%时，不宜进行带电作业。若遇有雷电、雪、雹、雨、雾等不良天气，禁止带电作业。带电作业过程中若遇有天气突然变化，有可能危及人身及设备安全时，应立即

停止工作，撤离人员，恢复设备正常状况，或采取临时安全措施。

4.3 绝缘工器具不合格，作业时绝缘工器具表面泄漏电流过大

绝缘工器具应按定置要求分类摆放在防潮帆布上，绝缘工器具不能与金属工具、材料混放。检查个人绝缘防护用具、遮蔽用具无针孔、砂眼、裂纹等，绝缘手套必须做充气试验，试验合格证在有效期范围内。绝缘工具使用前应仔细检查确认没有损坏、受潮、变形、失灵，否则禁止使用。并用 2500V 及以上绝缘电阻表或绝缘检测仪进行分段绝缘检测（电极宽 2cm，极间宽 2cm），阻值不低于 700MΩ。

4.4 作业现场悬挂标志牌和装设围栏

在城区、人口密集区地段或交通道口和通行道路上施工时，应设置安全围栏，安全围栏的范围应考虑作业中高空坠落和高空落物的影响以及道路交通，必要时联系交通部门，围栏的出入口应设置合理。

4.5 作业时违反安规进行操作，可能引起高空坠落，物体打击伤人

带电作业时，工器具、材料应放在专用工具袋内，防止坠落。工器具、材料传递至工作合适位置应固定牢靠，不准随意摆放，避免落物伤人。上下抛掷工器具、材料容易发生失手坠落等情况，所以应使用绝缘绳索拴牢后传递。

4.6 带电作业前后联系调度员

进行带电作业时，无论此次作业是否需要停用线路重合闸装置，作业前后都应该联系调度员，在线路发生异常情况时，调度员可以从保护人身安全角度出发，采用更为妥善的处理方案，避免线路强送电或试送电。在带电作业过程中，线路重合闸装置对带电作业人员的安全起到后备保护的作用。一是在带电作业点发生事故时，线路重合闸装置不启动，避免带电作业人员遭受二次电击的危害；二是非作业点发生故障时，有可能产生内部过电压，线路重合闸装置不启动，避免带电作业人员遭受内部过电压的危害。

4.7 登高作业时，不按要求使用安全带

安全带是高处作业人员预防坠落伤亡的防护用品，应采用双控、双保险的挂钩，以防挂钩脱落。双控背带式安全带配件应齐全。在高空作业中，为了提高安全保护系数，避免工作人员转位或发生意外时出现失去保护的情况，应使用有后备绳或速差自锁器的双控背带式安全带，为工作人员提供双重保护。

4.8 正确选择绝缘斗臂车位置、检查绝缘斗臂车

根据现场作业环境，地质状态正确布置车辆位置，使支脚受力可靠，绝缘斗臂车在使用前应认真检查其表面状况，若绝缘臂、斗表面存在明显脏污，可用清洁毛巾或棉布擦拭，斗臂车在使用前应空斗试操作一次，确认液压传动、回转、升降、伸缩系统工作正常，操作灵活，制动装置可靠。

5. 防范措施

5.1 工作负责人是现场第一责任人，应由带电作业经验丰富的人员担任，遇到不安全因素和危险情况时，要采取坚决、果断的措施。对作业中可能出现的问题应有一定的预见性，并有相当的处理异常问题的能力。

5.2 对发生事故单位进行停产整顿，加强工作票签发人、工作负责人、作业人员的安全学习和业务培训，认真吸取本次事故教训，经考试合格后才能重新参加作业。

5.3 现场作业人员应相互关心，作业前认真学习相关资料，对危险点制订出相应措施。

5.4 绝缘斗臂车应安装防倾覆装置，杜绝再次发生此类事故。

5.5 严格执行现场勘查制度，充分了解现场周边障碍物和地下管线的情况，防止作业时有意外发生。

5.6 严格按照绝缘斗臂车的使用操作规程的要求进行操作。

5.7 作业前针对外借车辆进行培训，熟悉操作要领及注意事项。

5.8 工作负责人应提高安全意识，加强责任心，针对此类事故举一反三，完善现场安全措施。

案例三 更换针式绝缘子选择作业方式不当，发生触电事故

1. 事故简况

某供电公司带电班 4 人，利用绝缘斗臂车采用绝缘手套作业法，进行 10kV 带电更换直线杆双横担 A 相其中一支针式绝缘子，线路设置为水平排列。到达作业现场后，工作负责人甲得到调度命令后，宣读工作票，进行危险点分析，交代安全措施和技术措施，指派工作班成员乙为斗内电工，丙为专责监护人，丁为地面电工。工作班成员签字确认后，斗内电工乙穿戴全套个人绝缘防护用具，系好安全带，操作绝缘斗臂车进行更换针式绝缘子，斗内电工乙对带电体进行遮蔽，拆除破损的针式绝缘子，由于双横担两支针式绝缘子比较近， 一支固定导线，安装另一只需要将导线抬起，斗内电工乙用右侧肩膀扛起导线进行安装针式绝缘子，但戴着绝缘手套不灵活，安装了一次没有安装上，随即直接摘下绝缘手套，再次用右侧肩膀扛起导线，导线已经接触到脖子位置，赤手安装针式绝缘子

时，发生单相接地，导致斗内电工乙触电，经医院抢救右臂截肢。

2. 事故原因

2.1 直接原因

杆上电工乙采取提升导线作业方法不正确，未正确穿戴个人绝缘防护用具，导致带电导线直接接触作业人员，发生触电，是发生事故的直接原因。

2.2 主要原因

2.2.1 主管生产领导对作业人员安排不当，是造成本次事故的主要原因。

2.2.2 单位生产管理混乱，人员安全思想麻痹，整个作业班人员没有严格按照标准化作业指导书的规定和工作票所列的安全及技术措施执行，我行我素，盲目蛮干。

2.3 间接原因

2.3.1 工作负责人甲未正确安全地组织工作，没能履行作业标准，工作监护人监护不到位，没有及时制止杆上电工乙的不安全作业行为，并放松对其监护。

2.3.2 杆上电工乙安全意识不强，自我防护不到位，对带电体及接地体的遮蔽不严密，致使带电导线直接与其脖子接触。

3. 违反相关规定

3.1 工作负责人的安全职责：① 正确安全地组织工作；② 负责检查工作票所列安全措施是否正确完备，是否符合现场实际条件，必要时应予以补充；③ 督促、监护工作班成员遵守《安规》、正确使用劳动防护用品和执行现场安全措施；④ 严格执行工作票所列安全措施。

3.2 工作班成员的安全职责：① 熟悉工作内容、工作流程，掌握安全措施，明确工作中的危险点，并履行确认手续；② 严格遵守安全规章制度、技术规程和劳动纪律，对自己在工作中的行为负责，互相关心工作安全，并监督《安规》的执行和现场安全措施的实施；③ 作业人员正确使用安全工器具和劳动防护用品。

3.3 工作负责人应时刻掌握作业的进展情况，密切注视作业人员的动作，根据作业方案及作业步骤及时做出适当的指示，整个作业过程中不得放松对危险部位的监护工作。

3.4 作业人员与带电体保持规定的安全距离，戴绝缘手套和穿绝缘靴。通过绝缘工具进行作业的方式。在作业范围狭小或线路多回架设，作业人员身体各部位有可能触及不同电位的电力设施时，作业人员应穿戴全套绝缘防护用具，对带电体应进行绝缘遮蔽。

3.5 进行带电更换绝缘子的作业的人员，在作业中操作不熟练。双横担，两个绝缘子只解开一个绝缘子的绑线之后，就使用错误的作业方法用右侧肩膀扛起导线进行安装针式绝缘子（应该用绝缘支持杆或绝缘滑车将导线吊起），但戴着绝缘手套不灵活，安装了一次没有安装上，随即直接摘下绝缘手套，再次用右侧肩膀扛起导线，导线已经接触到脖子位置，赤手安装针式绝缘子时，发生单相接地。

3.6 对作业范围内的带电导线、针式绝缘子、横担等均应进行采取绝缘遮蔽隔离措施。

4. 危险点

4.1 带电作业时，安全距离不足引起触电

带电作业人员接触带电体时，与接地体应保持 0.4m 及以上安全距离，与邻相带电体保持 0.6m 及以上安全距离；带电作业人员接触接地体时，与带电体应保持 0.4m 及以上安全距离，安全距离不足时，做好绝缘遮蔽隔离措施。

4.2 气象条件不符合要求

带电作业应在良好的天气下进行，作业前须进行风速和湿度测量。风力大于 5 级，或湿度大于 80%时，不宜进行带电作业。若遇有雷电、雪、雹、雨、雾等不良天气，禁止带电作业。带电作业过程中若遇有天气突然变化，有可能危及人身及设备安全时，应立即停止工作，撤离人员，恢复设备正常状况，或采取临时安全措施。

4.3 绝缘工器具不合格，作业时绝缘工器具表面泄漏电流过大

绝缘工器具应按定置要求分类摆放在防潮帆布上，绝缘工器具不能与金属工具、材料混放。检查个人绝缘防护用具、遮蔽用具无针孔、砂眼、裂纹等，绝缘手套必须做充气试验，试验合格证在有效期范围内。绝缘工具使用前应仔细检查确认没有损坏、受潮、变形、失灵，否则禁止使用。并用 2500V 及以上绝缘电阻表或绝缘检测仪进行分段绝缘检测（电极宽 2cm，极间宽 2cm），阻值不低于 700MΩ。

4.4 作业现场悬挂标志牌和装设围栏

在城区、人口密集区地段或交通道口和通行道路上施工时，应设置安全围栏，安全围栏的范围应考虑作业中高空坠落和高空落物的影响以及道路交通，必要时联系交通部门，围栏的出入口应设置合理。

4.5 作业时违反安规进行操作，可能引起高空坠落，物体打击伤人

带电作业时，工器具、材料应放在专用工具袋内，防止坠落。工器具、材料传递至工作合适位置应固定牢靠，不准随意摆放，避免落物伤人。上下抛掷工器具、材料容易发生失手坠落等情况，所以应使用绝缘绳索拴牢后传递。

4.6 带电作业前后联系调度员

进行带电作业时，无论此次作业是否需要停用线路重合闸装置，作业前后都应该联系调度员，在线路发生异常情况时，调度员可以从保护人身安全角度出发，采用更为妥善的处理方案，避免线路强送电或试送电。在带电作业过程中，线路重合闸装置对带电作业人员的安全起到后备保护的作用。一是在带电作业点发生事故时，线路重合闸装置不启动，避免带电作业人员遭受二次电击的危害；二是非作业点发生故障时，有可能产生内部过电压，线路重合闸装置不启动，避免带电作业人员遭受内部过电压的危害。

4.7 作业方法选择不当，发生事故

在更换双横担一相针式绝缘子时，不应怕麻烦，应该两支针式绝缘子同时拆除绑扎线，将导线提升至安全距离后再更换其中一支针式绝缘子。

4.8 提升导线，发生事故

在带电作业中，需要提升导线时，严禁用人体或者绝缘斗臂车绝缘斗沿面提升导线。

5. 防范措施

5.1 为保证作业安全，作业人员应穿着合格的绝缘防护用具

（绝缘服或绝缘披肩、绝缘手套、绝缘鞋）；使用的安全带、安全帽应有良好的绝缘性能，必要时戴护目镜。使用前应对绝缘防护用具进行外观检查。作业过程中禁止摘下绝缘防护用具。

5.2 工作班成员要加强自我保护意识，牢记“四不伤害”，加强自身的业务技术学习和安全意识。对班组生产人员进行严格的安全教育和技能培训。

5.3 严格执行标准化作业指导书和作业程序卡。杜绝在不明确工作内容、工作流程、安全措施以及工作中的危险点的情况下盲目工作。

5.4 杜绝现场工作中对危险点分析与控制流于形式、走过场。切实做好工作现场安全工作。

5.5 认真开展作业现场安全风险辨识，制订落实风险预控措施，重点防止发生触电、高处坠落等人身伤亡事故。

案例四　带电更换耐张绝缘子串，作业人员电弧烧伤

1. 事故简况

某供电公司带电作业班 4 人，利用绝缘斗臂车采用绝缘手套作业法，进行 10kV 带电更换耐张杆中间相悬式绝缘子串作业，线路设置为水平排列。到达作业现场后，工作负责人甲得到调度命令后，宣读工作票，进行危险点分析，交代安全措施和技术措施，指派工作班成员乙为斗内电工，丙为专责监护人，丁为地面电工。工作班成员签字确认后，斗内电工乙穿戴全套个人绝缘防护用具，系

好安全带，操作绝缘斗臂车进入工作位置。斗内电工乙在未对带电体和接地体进行遮蔽的情况下，直接用金属扳手松动连接螺栓时（连接螺栓为横向），对B相引线放电，造成单相接地。

2. 事故原因

2.1 直接原因

杆上电工乙未对带电体及接地体采取正确的绝缘遮蔽及绝缘隔离措施，直接用金属工具松动连接螺栓，是造成事故的直接原因。

2.2 主要原因

作业时，斗内电工乙未使用绝缘扳手松动连接螺栓，没有按照带电作业标准进行作业，习惯性违章严重，造成安全距离不足引起线路接地，是发生事故的主要原因。

2.3 间接原因

工作负责人甲未正确安全地组织工作，监护不到位，没有及时制止斗内电工乙对带电体没有遮蔽的情况下，就直接用金属工具进行松动螺栓，并放松对其监护。

3. 违反相关规定

3.1 工作负责人安全职责：① 正确安全地组织工作；② 负责检查工作票所列安全措施是否正确完备，是否符合现场实际条件，必要时应予以补充；③ 督促、监护工作班成员遵守《安规》、正确使用劳动防护用品和执行现场安全措施；④ 严格执行工作票所列安全措施。

3.2 工作负责人应时刻掌握作业的进展情况，密切注视作业人员的动作，根据作业方案及作业步骤及时做出适当的指示，整个作业过程中不得放松对危险部位的监护工作。

3.3 带电作业时，作业区域带电导线、绝缘子等应采取相间、相对地的绝缘隔离措施。绝缘隔离措施的范围应比作业人员的活动范围增加 0.4m 以上。

3.4 工作班成员的安全责任：① 熟悉工作内容、工作流程，掌握安全措施，明确工作中的危险点，并履行确认手续；② 严格遵守安全规章制度、技术规程和劳动纪律，对自己在工作中的行为负责，互相关心工作安全，并监督《安规》的执行和现场安全措施的实施；③ 作业人员正确使用安全工器具和劳动防护用品。

3.5 作业人员与带电体保持规定的安全距离，戴绝缘手套和穿绝缘靴。通过绝缘工具进行作业的方式。在作业范围狭小或线路多回架设，作业人员身体各部位有可能触及不同电位的电力设施时，作业人员应穿戴全套绝缘防护用具，对带电体应进行绝缘遮蔽。

3.6 无论导线是裸导线还是绝缘导线，在作业中均应进行绝缘遮蔽。

3.7 配电带电作业必须有专人监护，工作负责人（监护人）必须始终在工作现场行使监护职责，对作业人员的作业步骤进行监护，及时纠正不安全动作，监护人不得擅自离岗或兼任其他工作。

4. 危险点

4.1 带电作业时，安全距离不足引起触电

带电作业人员接触带电体时，与接地体应保持 0.4m 及以上安全距离，与邻相带电体保持 0.6m 及以上安全距离；带电作业人员接触接地体时，与带电体应保持 0.4m 及以上安全距离，安全距离不足时，做好绝缘遮蔽隔离措施。

4.2 气象条件不符合要求

带电作业应在良好的天气下进行，作业前须进行风速和湿度测量。风力大于 5 级，或湿度大于 80%时，不宜进行带电作业。若遇有雷电、雪、雹、雨、雾等不良天气，禁止带电作业。带电作业过程中若遇有天气突然变化，有可能危及人身及设备安全时，应立即停止工作，撤离人员，恢复设备正常状况，或采取临时安全措施。

4.3 绝缘工器具不合格，作业时绝缘工器具表面泄漏电流过大

作业前应根据作业项目，作业场所需要，按数配足绝缘遮蔽用具、防护用具、操作工具、运载工具等，并检查是否完好，工器具及防护用具应分别装入规定的工具袋中带往现场。在运输过程中应严防受潮和碰撞，在作业现场应选择不影响作业的干燥、阴凉位置，分类摆放在防潮帆布上，绝缘工器具不能与金属工具、材料混放。检查个人绝缘防护用具、遮蔽用具无针孔、砂眼、裂纹等，绝缘手套必须做充气试验，试验合格证在有效期范围内。绝缘工具使用前应仔细检查确认没有损坏、受潮、变形、失灵，否则禁止使用。并用 2500V 及以上绝缘电阻表或绝缘检测仪进行分段绝缘检测（电极宽 2cm，极间宽 2cm），阻值不低于 700MΩ。

4.4 作业现场悬挂标志牌和装设围栏

在城区、人口密集区地段或交通道口和通行道路上施工时，应设置安全围栏，安全围栏的范围应考虑作业中高空坠落和高空落物的影响以及道路交通，必要时联系交通部门，围栏的出入口应设置合理。

4.5 作业时违反安规进行操作，可能引起高空坠落，物体打击伤人

带电作业时，工器具、材料应放在专用工具袋内，防止坠落。工器具、材料传递至工作合适位置应固定牢靠，不准随意摆放，避

免落物伤人。上下抛掷工器具、材料容易发生失手坠落等情况，所以应使用绝缘绳索拴牢后传递。

4.6 带电作业前后联系调度员

进行带电作业时，无论此次作业是否需要停用线路重合闸装置，作业前后都应该联系调度员，在线路发生异常情况时，调度员可以从保护人身安全角度出发，采用更为妥善的处理方案，避免线路强送电或试送电。在带电作业过程中，线路重合闸装置对带电作业人员的安全起到后备保护的作用。一是在带电作业点发生事故时，线路重合闸装置不启动，避免带电作业人员遭受二次电击的危害；二是非作业点发生故障时，有可能产生内部过电压，线路重合闸装置不启动，避免带电作业人员遭受内部过电压的危害。

4.7 作业前检查绝缘斗臂车

绝缘斗臂车在使用前应认真检查其表面状况，若绝缘臂、斗表面存在明显脏污，可用清洁毛巾或棉布擦拭，斗臂车在使用前应空斗试操作一次，确认液压传动、回转、升降、伸缩系统工作正常，操作灵活，制动装置可靠。

4.8 作业过程中引起导线脱落

更换耐张杆悬式绝缘子前，应采取后备保护措施，防止在更换悬式绝缘子过程中，导线意外脱落，造成短路或接地故障。

5. 防范措施

5.1 斗臂车金属臂在仰起、回转运动中，与带电体间的安全距离不得小于 0.9m。

5.2 作业人员进行带电作业时，人体与邻近带电体必须保持

0.4m 及以上的安全距离。不能满足安全距离时，应采取绝缘遮蔽隔离措施。

5.3 作业人员必须使用合格的绝缘工器具和安全防护用具，高处作业时，应使用带有后备保护绳的安全带，作业人员进行转位时，不得失去安全带保护，以防止高空坠落。

5.4 带电作业决不允许不具备条件的人员担任工作负责人，他无能力制止作业中的错误操作和及早发现操作中的不安全动作。对工作负责人的选用必须严格遵守 Q/GDW 1799.2—2013 中各项有关规定，选择多年从事带电作业工作，有一定理论基础和丰富实际经验，且有一定的组织能力和对异常情况及事故处理能力的人员担任。

5.5 所有人员有权拒绝违章指挥和强令冒险作业；在发现直接危及人身、电网和设备安全的紧急情况时，有权停止作业或者在采取可能的紧急措施后撤离作业现场，并立即报告。

5.6 不论对谁都应坚持不懈地进行安全思想教育，由于主管生产领导、工作负责人、工作班成员的安全思想不牢固，对简单的常规带电作业项目，在思想上没有引起足够的重视，认为不会有异常情况发生，便进行现场作业造成事故。所以，无论是否是简单的现场作业，都应进行坚持不懈的安全思想教育，督促他们树立起牢固的“安全第一、预防为主、综合治理”的思想，以达到防患于未然。

5.7 工作负责人应针对作业项目制动作业方案，结合作业方案明确指示每位作业人员的分工，并在班前会议上对作业内容、作业顺序及安全注意事项等做出详细说明。

5.8 进行带电作业时，作业人员必须使用绝缘工器具，禁止使用金属工具进行作业。

案例五　分支引线绑扎不牢固，造成一人触电死亡

1. 事故简况

某供电公司带电作业班 4 人，利用绝缘斗臂车采用绝缘手套作业法，进行 10kV 线路带电立电杆两基，组装变压器台作业，线路设置为水平排列。当到达作业现场后发现绝缘斗臂车不能到达指定作业位置，无法进行带电作业。经与运行人员协商和经带电作业主管领导同意，临时更改为带电断、接分支引线作业。分支线路减完负荷后，工作负责人甲按照带电作业工作票的工作内容（没有将实际的作业内容告知调度）得到调度命令后，宣读工作票，进行危险点分析，交代安全措施和技术措施，指派工作班成员乙为斗内电工，丙为专责监护人，丁为地面电工。工作班成员签字确认后，斗内电工乙穿戴全套的个人防护用具、系好安全带操作绝缘斗臂车进行带电作业，当三相分支引线全部断完后，将已经断开的引线简单固定，返回地面。

组装变压器台的位置与带电断、接引线的位置为同一挡距，当施工人员立杆完毕，安装高压横担时，由于导线受力，已经断开的分支引线松脱，碰触到上方带电线路上，导致检修人员触电，当场死亡。

2. 事故原因

2.1　直接原因

2.1.1　斗内电工乙未对带电体与分支引线采取正确的绝缘遮蔽

及绝缘隔离措施，分支引线绑扎不牢固，导致检修人员在施工过程中造成分支引线松脱，碰触到带电导线上，是造成事故的直接原因。

2.1.2 检修人员没有对已断开的分支线路挂接地线。

2.2　主要原因

2.2.1 工作负责人甲未正确安全地组织工作，带电作业工作票管理不规范，由于更改了作业线路名称、工作内容等，安全措施也会不同，带电作业工作票应与作废，重新填写带电作业工作票。

2.2.2 检修人员在停电线路上进行作业时，遇有邻近带电线路，为防止感应电伤人，需要在接触或接近导线时使用个人保安线。

2.3　间接原因

2.3.1 进行带电作业前，对于复杂或项目较大的带电作业，必须进行现场勘查，根据勘查结果确定作业方案。

2.3.2 工作负责人甲未正确安全地组织工作，随意变更工作内容，隐瞒现场实际情况，监护不到位，没有及时制止斗内电工乙对引线绑扎不牢固可能松脱而引起的危险动作，并放松对其监护。

3. 违反相关规定

3.1 配电线路带电作业应正确填写工作票。工作票由工作负责人按票面要求逐相填写。发生作业线路名称、作业任务等有更改时，此工作票作废，重新填写工作票。

3.2 工作地段如有其他邻近带电线路，为防止停电检修线路上感应电压伤人，在需要接触或接近导线工作时，应使用个人保安线。

3.3 工作负责人的安全职责：① 正确安全地组织工作；② 负责检查工作票所列安全措施是否正确完备，是否符合现场实际条件，必要时应予以补充；③ 督促、监护工作班成员遵守《安规》、正确使用劳动防护用品和执行现场安全措施；④ 严格执行工作票所列安全措施。

3.4 工作负责人应时刻掌握作业的进展情况，密切注视作业人员的动作，根据作业方案及作业步骤及时做出适当的指示，整个作业过程中不得放松对危险部位的监护工作。

3.5 线路经验明确无电压后，应立即装设地线并三相短路。

3.6 工作班成员的安全责任：① 熟悉工作内容、工作流程，掌握安全措施，明确工作中的危险点，并履行确认手续；② 严格遵守安全规章制度、技术规程和劳动纪律，对自己在工作中的行为负责，互相关心工作安全，并监督《安规》的执行和现场安全措施的实施；③ 作业人员正确使用安全工器具和劳动防护用品。

3.7 无论导线是裸导线还是绝缘导线，在作业中均应进行绝缘遮蔽。

3.8 配电带电作业必须有专人监护，工作负责人（监护人）必须始终在工作现场行使监护职责，对作业人员的作业步骤进行监护，及时纠正不安全动作，监护人不得擅自离岗或兼任其他工作。

3.9 带电作业工作票签发人或工作负责人认为有必要时，应组织有经验的人员到现场勘察，根据勘察结果作出能否进行带电作业的判断，并确定作业方法和所需工具以及应采取的措施。

3.10 带电作业工作负责人在带电作业工作开始前，应与值班调度员联系。需要停用重合闸或直流在启动保护的作业和带电断、接引线应由值班调度员履行许可手续。

3.11 带电断、接空载线路等设备引线时，应采取防止引线摆动的措施。

4. 危险点

4.1 带电作业时，安全距离不足引起触电

带电作业人员接触带电体时，与接地体应保持 0.4m 及以上安全距离，与邻相带电体保持 0.6m 及以上安全距离；带电作业人员接触接地体时，与带电体应保持 0.4m 及以上安全距离，安全距离不足时，做好绝缘遮蔽隔离措施。

4.2 气象条件不符合要求

带电作业应在良好的天气下进行，作业前须进行风速和湿度测量。风力大于 5 级，或湿度大于 80%时，不宜进行带电作业。若遇有雷电、雪、雹、雨、雾等不良天气，禁止带电作业。带电作业过程中若遇有天气突然变化，有可能危及人身及设备安全时，应立即停止工作，撤离人员，恢复设备正常状况，或采取临时安全措施。

4.3 绝缘工器具不合格，作业时绝缘工器具表面泄漏电流过大

作业前应根据作业项目，作业场所需要，按数配足绝缘遮蔽用具、防护用具、操作工具、运载工具等，并检查是否完好，工器具及防护用具应分别装入规定的工具袋中带往现场。在运输过程中应严防受潮和碰撞，在作业现场应选择不影响作业的干燥、阴凉位置，分类摆放在防潮帆布上，绝缘工器具不能与金属工具、材料混放。检查个人绝缘防护用具、遮蔽用具无针孔、砂眼、裂纹等，绝缘手套必须做充气试验，试验合格证在有效期范围内。绝缘工具使用前应仔细检查确认没有损坏、受潮、变形、失灵，否则禁止使用。并用 2500V 及以上绝缘电阻表或绝缘检测仪进行分段绝缘检测（电极宽 2cm，极间宽 2cm），阻值不低于 700MΩ。

4.4 作业现场悬挂标志牌和装设围栏

在城区、人口密集区地段或交通道口和通行道路上施工时，应设置安全围栏，安全围栏的范围应考虑作业中高空坠落和高空落物的影响以及道路交通，必要时联系交通部门，围栏的出入口应设置合理。

4.5 作业时违反安规进行操作，可能引起高空坠落，物体打击伤人

带电作业时，工器具、材料应放在专用工具袋内，防止坠落。工器具、材料传递至工作合适位置应固定牢靠，不准随意摆放，避免落物伤人。上下抛掷工器具、材料容易发生失手坠落等情况，所以应使用绝缘绳索拴牢后传递。

4.6 带电作业前后联系调度员

进行带电作业时，无论此次作业是否需要停用线路重合闸装置，作业前后都应该联系调度员，在线路发生异常情况时，调度员可以从保护人身安全角度出发，采用更为妥善的处理方案，避免线路强送电或试送电。在带电作业过程中，线路重合闸装置对带电作业人员的安全起到后备保护的作用。一是在带电作业点发生事故时，线路重合闸装置不启动，避免带电作业人员遭受二次电击的危害；二是非作业点发生故障时，有可能产生内部过电压，线路重合闸装置不启动，避免带电作业人员遭受内部过电压的危害。

带电作业工作负责人在带电作业工作开始前，应与值班调度员联系。需要停用重合闸或直流在启动保护的作业和带电断、接引线应由值班调度员履行许可手续。

4.7 作业前检查绝缘斗臂车

绝缘斗臂车在使用前应认真检查其表面状况，若绝缘臂、斗表面存在明显脏污，可用清洁毛巾或棉布擦拭，斗臂车在使用前应空

斗试操作一次，确认液压传动、回转、升降、伸缩系统工作正常，操作灵活，制动装置可靠。

4.8 引线摆动造成触电

在带电接引线过程中，应采取防止引线摆动的措施，将引线牢固地绑扎在本相主导线上，或采取专用绝缘操作杆固定引线。

4.9 作业过程中人身触电

线路经验明确无电压后，应立即装设地线并三相短路以及在有邻近带电线路附近作业时，使用个人保安线。为了保证线路作业人员始终处于接地线的保护之中，防止线路意外来电感应电压造成人身伤害。

4.10 带电作业前的现场勘察

带电作业工作票签发人或工作负责人认为有必要时，应组织有经验的人员到现场勘察，根据勘察结果作出能否进行带电作业的判断，并确定作业方法和所需工具以及应采取的措施。

5. 防范措施

5.1 斗臂车金属臂在仰起、回转运动中，与带电体间的安全距离不得小于 0.9m。

5.2 作业人员进行带电作业时，人体与邻近带电体必须保持 0.4m 及以上的安全距离。不能满足安全距离时，应采取绝缘遮蔽隔离措施。

5.3 作业人员必须使用合格的绝缘工器具和安全防护用具，高处作业时，应使用带有后备保护绳的安全带，作业人员进行转位时，不得失去安全带保护，以防止高空坠落。

5.4 带电作业决不允许不具备条件的人员担任工作负责人，他无能力制止作业中的错误操作和及早发现操作中的不安全动作。对工作负责人的选用必须严格遵守 Q/GDW 1799.2—2013 中各项有关规定，选择多年从事带电作业工作，有一定理论基础和丰富实际经验，且有一定的组织能力和对异常情况及事故处理能力的人员担任。

5.5 所有人员有权拒绝违章指挥和强令冒险作业；在发现直接危及人身、电网和设备安全的紧急情况时，有权停止作业或者在采取可能的紧急措施后撤离作业现场，并立即报告。

5.6 不论对谁都应坚持不懈地进行安全思想教育，由于主管生产领导、工作负责人、工作班成员的安全思想不牢固，对简单的常规带电作业项目，在思想上没有引起足够的重视，认为不会有异常情况发生，便进行现场作业造成事故。所以，无论是否是简单的现场作业，都应进行坚持不懈的安全思想教育，督促他们树立起牢固的“安全第一、预防为主、综合治理”的思想，已达到防患于未然。

5.7 工作负责人应针对作业项目制动作业方案，结合作业方案明确指示每位作业人员的分工，并在班前会议上对作业内容、作业顺序及安全注意事项等做出详细说明。

5.8 带电作业工作票签发人或工作负责人认为有必要时，应组织有经验的人员到现场勘察，根据勘察结果作出能否进行带电作业的判断，并确定作业方法和所需工具以及应采取的措施。

5.9 带电断、接空载线路、耦合电容器、避雷器、阻波器等设备引线时，应采取防止引线摆动的措施。

5.10 线路经验明确无电压后，应立即装设地线并三相短路。装设接地线时为了保证线路作业人员始终处于接地线的保护之中，防止线路意外来电或感应电压造成人身伤害。

案例六　绝缘遮蔽不严，发生相间短路

1. 事故简况

某供电公司带电作业班 4 人，利用绝缘斗臂车采用绝缘手套作业法，进行 10kV 带电拆除架空线路杆上旁路电缆引线作业，线路设置为水平排列。由于前一天电缆故障，由旁路电缆送出到开闭箱电源，故障电缆修复完毕后，需要带电作业拆除临时旁路电缆。临时旁路电缆引线接在正在运行的架空线路与电缆连接端子上（此电缆是电源，架空线路没有负荷）。到达作业现场后，工作负责人甲得到调度命令后，宣读工作票，进行危险点分析，交代安全措施和技术措施，指派工作班成员乙为斗内电工，丙为专责监护人，丁为地面电工。工作班成员签字确认后，斗内电工乙穿戴全套的个人防护用具、系好安全带，操作绝缘斗臂车进入工作位置，斗内电工乙对 B、C 两相带电电缆端子进行遮蔽后，用电动扳手直接拆除 A 相电缆端子螺丝，当螺丝即将拆除时，电动扳手与邻近遮蔽不严的 B 相带电电缆端子发生相间短路，造成线路全停。

2. 事故原因

2.1　直接原因

杆上电工乙未对 B 相电缆引线采取正确的绝缘遮蔽及绝缘隔离措施，直接用电动扳手拆除 A 相电缆引线端子，是造成事故的直接原因。

2.2 主要原因

作业时，斗内电工乙未使用绝缘工具拆除 A 相电缆引线端子，没有按照带电作业标准进行作业，习惯性违章严重，造成安全距离不足引起相间，是发生事故的主要原因。

2.3 间接原因

工作负责人甲未正确安全地组织工作，监护不到位，没有及时制止斗内电工乙对 B 相电缆引线遮蔽不严的危险，并放松对其监护。

3. 违反相关规定

3.1 工作票签发人的安全职责：① 工作必要性和安全性；② 工作票所列安全措施是否正确完备；③ 所派工作负责人和工作班成员是否适当和充足。

3.2 工作负责人的安全职责：① 正确安全地组织工作；② 负责检查工作票所列安全措施是否正确完备，是否符合现场实际条件，必要时应予以补充；③ 督促、监护工作班成员遵守《安规》、正确使用劳动防护用品和执行现场安全措施；④ 严格执行工作票所列安全措施。

3.3 工作负责人应时刻掌握作业的进展情况，密切注视作业人员的动作，根据作业方案及作业步骤及时做出适当的指示，整个作业过程中不得放松对危险部位的监护工作。

3.4 作业时，作业区域带电导线、绝缘子等应采取相间、相对地的绝缘隔离措施。绝缘隔离措施的范围应比作业人员的活动范围增加 0.4m 以上。

3.5 对人体可能触及范围内的横担，金属支撑件，带电导体亦应验电，验电时人应处于与带电导体保持安全距离的位置。在低压导线或漏电的金属固件未采取绝缘遮蔽或隔离措施时，作业人员不得穿越。

3.6 工作班成员的安全责任：① 熟悉工作内容、工作流程，掌握安全措施，明确工作中的危险点，并履行确认手续；② 严格遵守安全规章制度、技术规程和劳动纪律，对自己在工作中的行为负责，互相关心工作安全，并监督《安规》的执行和现场安全措施的实施；③ 作业人员正确使用安全工器具和劳动防护用品。

3.7 作业人员与带电体保持规定的安全距离，作业前均需对人体可能触及范围内的带电体和接地体进行绝缘遮蔽，在作业范围狭小，电气设备布置密集处，为保证作业人员对邻相带电体或接地体的有效隔离，在适当位置还应装设绝缘隔板或隔离罩等限制作业者活动范围。

3.8 配电带电作业必须有专人监护，工作负责人（监护人）必须始终在工作现场行使监护职责，对作业人员的作业步骤进行监护，及时纠正不安全动作，监护人不得擅自离岗或兼任其他工作。

4. 危险点

4.1 带电作业时，安全距离不足引起触电

带电作业人员接触带电体时，与接地体应保持 0.4m 及以上安全距离，与邻相带电体保持 0.6m 及以上安全距离；带电作业人员接触接地体时，与带电体应保持 0.4m 及以上安全距离，安全距离不足时，做好绝缘遮蔽隔离措施。

4.2 气象条件不符合要求

带电作业应在良好的天气下进行，作业前须进行风速和湿度测量。风力大于 5 级，或湿度大于 80%时，不宜进行带电作业。若遇

有雷电、雪、雹、雨、雾等不良天气，禁止带电作业。带电作业过程中若遇有天气突然变化，有可能危及人身及设备安全时，应立即停止工作，撤离人员，恢复设备正常状况，或采取临时安全措施。

4.3 绝缘工器具不合格，作业时绝缘工器具表面泄漏电流过大

作业前应根据作业项目，作业场所需要，按数配足绝缘遮蔽用具、防护用具、操作工具、运载工具等，并检查是否完好，工器具及防护用具应分别装入规定的工具袋中带往现场。在运输过程中应严防受潮和碰撞，在作业现场应选择不影响作业的干燥、阴凉位置，分类摆放在防潮帆布上，绝缘工器具不能与金属工具、材料混放。检查个人绝缘防护用具、遮蔽用具无针孔、砂眼、裂纹等，绝缘手套必须做充气试验，试验合格证在有效期范围内。绝缘工具使用前应仔细检查确认没有损坏、受潮、变形、失灵，否则禁止使用。并用 2500V 及以上绝缘电阻表或绝缘检测仪进行分段绝缘检测（电极宽 2cm，极间宽 2cm），阻值不低于 700MΩ。

4.4 作业现场悬挂标志牌和装设围栏

在城区、人口密集区地段或交通道口和通行道路上施工时，应设置安全围栏，安全围栏的范围应考虑作业中高空坠落和高空落物的影响以及道路交通，必要时联系交通部门，围栏的出入口应设置合理。

4.5 作业时违反安规进行操作，可能引起高空坠落，物体打击伤人

带电作业时，工器具、材料应放在专用工具袋内，防止坠落。工器具、材料传递至工作合适位置应固定牢靠，不准随意摆放，避免落物伤人。上下抛掷工器具、材料容易发生失手坠落等情况，所以应使用绝缘绳索拴牢后传递。

4.6 带电作业前后联系调度员

进行带电作业时，无论此次作业是否需要停用线路重合闸装置，作业前后都应该联系调度员，在线路发生异常情况时，调度员可以从保护人身安全角度出发，采用更为妥善的处理方案，避免线路强送电或试送电。在带电作业过程中，线路重合闸装置对带电作业人员的安全起到后备保护的作用。一是在带电作业点发生事故时，线路重合闸装置不启动，避免带电作业人员遭受二次电击的危害；二是非作业点发生故障时，有可能产生内部过电压，线路重合闸装置不启动，避免带电作业人员遭受内部过电压的危害。

4.7 作业前检查绝缘斗臂车

绝缘斗臂车在使用前应认真检查其表面状况，若绝缘臂、斗表面存在明显脏污，可用清洁毛巾或棉布擦拭，斗臂车在使用前应空斗试操作一次，确认液压传动、回转、升降、伸缩系统工作正常，操作灵活，制动装置可靠。

4.8 作业过程中引起相间短路或接地

作业时，作业区域带电导线、绝缘子等应采取相间、相对地的绝缘隔离措施。禁止同时接触两个非连通的带电导体或带电导体与接地导体。作业人员与带电体保持规定的安全距离，作业前均需对人体可能触及范围内的带电体和接地体进行绝缘遮蔽，在作业范围狭小，电气设备布置密集处，为保证作业人员对邻相带电体或接地体的有效隔离，在适当位置还应装设绝缘隔板或隔离罩等限制作业者活动范围。

5. 防范措施

5.1 斗臂车金属臂在仰起、回转运动中，与带电体间的安全距离不得小于 0.9m。绝缘斗臂车在使用前应认真检查其表面状况，若绝缘臂、斗表面存在明显脏污，可用清洁毛巾或棉布擦拭，斗臂车在使用前应空斗试操作一次，确认液压传动、回转、升降、伸缩系统工作正常，操作灵活，制动装置可靠。作业过程中斗臂车不得熄火。

5.2 作业人员进行带电作业时，人体与邻近带电体必须保持 0.4m 及以上的安全距离。不能满足安全距离时，应采取绝缘遮蔽隔离措施。

5.3 作业人员必须使用合格的绝缘工器具和安全防护用具，高处作业时，应使用带有后备保护绳的安全带，作业人员进行转位时，不得失去安全带保护，以防止高空坠落。

5.4 带电作业决不允许不具备条件的人员担任工作负责人，他无能力制止作业中的错误操作和及早发现操作中的不安全动作。对工作负责人的选用必须严格遵守 Q/GDW 1799.2—2013 中各项有关规定，选择多年从事带电作业工作，有一定理论基础和丰富实际经验，且有一定的组织能力和对异常情况及事故处理能力的人员担任。

5.5 作业时，作业区域带电导线、绝缘子等应采取相间、相对地的绝缘隔离措施。禁止同时接触两个非连通的带电导体或带电导体与接地导体。作业人员与带电体保持规定的安全距离，作业前均需对人体可能触及范围内的带电体和接地体进行绝缘遮蔽，在作业范围狭小，电气设备布置密集处，为保证作业人员对邻相带电体或接地体的有效隔离，在适当位置还应装设绝缘隔板或隔离罩等限制作业者活动范围。

5.6 进行带电作业时，作业人员必须使用绝缘工器具，禁止使用金属工具进行作业。

5.7　不论对谁都应坚持不懈地进行安全思想教育，由于主管生产领导、工作负责人、工作班成员的安全思想不牢固，对简单的常规带电作业项目，在思想上没有引起足够的重视，认为不会有异常情况发生，便进行现场作业造成事故。所以，无论是否是简单的现场作业，都应进行坚持不懈的安全思想教育，督促他们树立起牢固的“安全第一、预防为主、综合治理”的思想，已达到防患于未然。

5.8　工作负责人应针对作业项目制订作业方案，结合作业方案明确指示每位作业人员的分工，并在班前会议上对作业内容、作业顺序及安全注意事项等做出详细说明。

案例七　个人绝缘防护用具选择不当，发生事故

1. 事故简况

某供电公司带电作业班 4 人，利用绝缘斗臂车采用绝缘手套作业法，进行 10kV 线路带电更换直线杆 B 相针式绝缘子作业，作业杆塔为水平排列分支杆。到达作业现场后，工作负责人甲得到调度命令后，宣读工作票，进行危险点分析，交代安全措施和技术措施，指派工作班成员乙为斗内电工，丙为专责监护人，丁为地面电工。工作班成员签字确认后，斗内电工乙穿戴全套的个人防护用具，工作负责人甲看到斗内电工乙说你穿的绝缘披肩有点大，换一件小点的绝缘披肩吧，但斗内电工乙回应说没事，作业量小，一会就结束了。斗内电工乙系好安全带，操作绝缘斗臂车至合适的位置，对带电体和接地体进行遮蔽，拆除绝缘子的绑扎线，然后将带

电导线重新遮蔽。这时，由于斗内电工乙绝缘披肩较大，袖口较长，导致绝缘手套松坠即将脱落，斗内电工乙认为带电体已经遮蔽严实，干脆就把快要松脱的绝缘手套摘下，并习惯性地将右手向上晃一下让绝缘披肩往身体侧窜窜，把手露出来，这时斗内电工乙的手碰触到没有遮蔽严实的带电间隙避雷器，前胸接触到下层分支横担，构成回路发生事故。经医院抢救，斗内电工乙右手截肢。

2. 事故原因

2.1 直接原因

在带电作业过程中，禁止摘下个人防护用具，斗内电工乙错误的摘下手套，碰触到没有遮蔽严实的带电间隙避雷器，是发生事故的直接原因。

2.2 主要原因

斗内电工乙在带电作业区域没有将分支横担设置绝缘遮蔽隔离措施，由于个人绝缘遮蔽用具选择不当，导致人员前胸碰触到下层分支横担，是发生事故的主要原因。

2.3 间接原因

2.3.1 工作负责人是现场的第一安全责任人，发出指令要正确无误，工作班成员必须服从工作负责人的指挥。

2.3.2 工作负责人现场安全监护不到位，作业过程中未能实施有效的监护，对斗内电工乙摘下绝缘手套进行作业的违章行为没有及时制止，对遮蔽措施不完善的情况未能及时纠正。

3. 违反相关规定

3.1 进行直接接触 20kV 及以下电压等级带电设备的作业时，

应穿着合格的绝缘防护用具（绝缘服或绝缘披肩、绝缘手套、绝缘鞋）；使用前应对绝缘防护用具进行外观检查。作业过程中禁止摘下绝缘防护用具。

3.2　工作负责人的安全职责：① 正确安全地组织工作；② 负责检查工作票所列安全措施是否正确完备，是否符合现场实际条件，必要时应予以补充；③ 督促、监护工作班成员遵守《安规》、正确使用劳动防护用品和执行现场安全措施。

3.3　工作负责人应时刻掌握作业的进展情况，密切注视作业人员的动作，根据作业方案及作业步骤及时做出适当的指示，整个作业过程中不得放松对危险部位的监护工作。

3.4　作业时，作业区域带电导线、绝缘子等应采取相间、相对地的绝缘隔离措施。绝缘隔离措施的范围应比作业人员的活动范围增加0.4m以上。

3.5　工作班成员的安全责任：① 熟悉工作内容、工作流程，掌握安全措施，明确工作中的危险点，并履行确认手续；② 严格遵守安全规章制度、技术规程和劳动纪律，对自己在工作中的行为负责，互相关心工作安全，并监督《安规》的执行和现场安全措施的实施；③ 作业人员正确使用安全工器具和劳动防护用品；④ 严格执行工作票所列安全措施。

3.6　作业人员与带电体保持规定的安全距离，作业前均需对人体可能触及范围内的带电体和接地体进行绝缘遮蔽，在作业范围狭小，电气设备布置密集处，为保证作业人员对邻相带电体或接地体的有效隔离，在适当位置还应装设绝缘隔板或隔离罩等限制作业者活动范围。

3.7　工作班成员应服从工作负责人的正确指挥。

4. 危险点

4.1 带电作业时，安全距离不足引起触电

带电作业人员接触带电体时，与接地体应保持 0.4m 及以上安全距离，与邻相带电体保持 0.6m 及以上安全距离；带电作业人员接触接地体时，与带电体应保持 0.4m 及以上安全距离，安全距离不足时，做好绝缘遮蔽隔离措施。

4.2 气象条件不符合要求

带电作业应在良好的天气下进行，作业前须进行风速和湿度测量。风力大于 5 级，或湿度大于 80%时，不宜进行带电作业。若遇有雷电、雪、雹、雨、雾等不良天气，禁止带电作业。带电作业过程中若遇有天气突然变化，有可能危及人身及设备安全时，应立即停止工作，撤离人员，恢复设备正常状况，或采取临时安全措施。

4.3 绝缘工器具不合格，作业时绝缘工器具表面泄漏电流过大

绝缘工器具应按定置要求分类摆放在防潮帆布上，绝缘工器具不能与金属工具、材料混放。检查个人绝缘防护用具、遮蔽用具无针孔、砂眼、裂纹等，绝缘手套必须做充气试验，试验合格证在有效期范围内。绝缘工具使用前应仔细检查确认没有损坏、受潮、变形、失灵，否则禁止使用。并用 2500V 及以上绝缘电阻表或绝缘检测仪进行分段绝缘检测（电极宽 2cm，极间宽 2cm），阻值不低于 700MΩ。

4.4 作业现场悬挂标志牌和装设围栏

在城区、人口密集区地段或交通道口和通行道路上施工时，应设置安全围栏，安全围栏的范围应考虑作业中高空坠落和高空落物的影响以及道路交通，必要时联系交通部门，围栏的出入口应设置

合理。

4.5 作业时违反安规进行操作，可能引起高空坠落，物体打击伤人

带电作业时，工器具、材料应放在专用工具袋内，防止坠落。工器具、材料传递至工作合适位置应固定牢靠，不准随意摆放，避免落物伤人。上下抛掷工器具、材料容易发生失手坠落等情况，所以应使用绝缘绳索拴牢后传递。

4.6 带电作业前后联系调度员

进行带电作业时，无论此次作业是否需要停用线路重合闸装置，作业前后都应该联系调度员，在线路发生异常情况时，调度员可以从保护人身安全角度出发，采用更为妥善的处理方案，避免线路强送电或试送电。在带电作业过程中，线路重合闸装置对带电作业人员的安全起到后备保护的作用。一是在带电作业点发生事故时，线路重合闸装置不启动，避免带电作业人员遭受二次电击的危害；二是非作业点发生故障时，有可能产生内部过电压，线路重合闸装置不启动，避免带电作业人员遭受内部过电压的危害。

4.7 作业前检查绝缘斗臂车

绝缘斗臂车在使用前应认真检查其表面状况，若绝缘臂、斗表面存在明显脏污，可用清洁毛巾或棉布擦拭，斗臂车在使用前应空斗试操作一次，确认液压传动、回转、升降、伸缩系统工作正常，操作灵活，制动装置可靠。

4.8 作业过程中引起导线断线

在操作绝缘小吊臂提升导线过程中，作业人员应均匀操作，时刻注意导线上升时受力点的变化，以免发生导线断线的危险。

5. 防范措施

5.1 斗臂车金属臂在仰起、回转运动中，与带电体间的安全距离不得小于 0.9m。

5.2 绝缘斗臂车在使用前应认真检查其表面状况，若绝缘臂、斗表面存在明显脏污，可用清洁毛巾或棉布擦拭，斗臂车在使用前应空斗试操作一次，确认液压传动、回转、升降、伸缩系统工作正常，操作灵活，制动装置可靠。作业过程中斗臂车不得熄火。

5.3 作业人员必须使用合格的绝缘工器具和安全防护用具，作业人员高处作业时，应使用带有后备保护绳的安全带，副安全带缠绕在杆身上，作业人员进行转位时，不得失去安全带保护，以防止高空坠落。进行直接接触 20kV 及以下电压等级带电设备的作业时，应穿合格的绝缘防护用具（绝缘服或绝缘披肩、绝缘手套、绝缘鞋）；作业过程中禁止摘下绝缘防护用具。

5.4 作业人员进行带电作业时，人体与邻近带电体必须保持 0.4m 及以上的安全距离。不能满足安全距离时，应采取绝缘遮蔽隔离措施。

5.5 带电作业决不允许不具备条件的人员担任工作负责人，他无能力制止作业中的错误操作和及早发现操作中的不安全动作。对工作负责人的选用必须严格遵守 Q/GDW 1799.2—2013 中各项有关规定，选择多年从事带电作业工作，有一定理论基础和丰富实际经验，且有一定的组织能力和对异常情况及事故处理能力的人员担任。

5.6 所有人员有权拒绝违章指挥和强令冒险作业；在发现直接危及人身、电网和设备安全的紧急情况时，有权停止作业或者在采取可能的紧急措施后撤离作业现场，并立即报告。

5.7 不论对谁都应坚持不懈地进行安全思想教育，由于主管生产领导、工作负责人、工作班成员的安全思想不牢固，对简单的常规带电作业项目，在思想上没有引起足够的重视，认为不会有异常情况发生，便进行现场作业造成事故。所以，无论是否是简单的现场作业，都应进行坚持不懈的安全思想教育，督促他们树立起牢固的“安全第一、预防为主、综合治理”的思想，已达到防患于未然。

案例八　工作负责人擅自试合带电跌落式熔断器熔丝管，发生事故

1. 事故简况

某供电公司带电作业班 3 人，对变压器跌落式熔断器操作不灵活进行处理。利用绝缘杆作业法，进行 10kV 线路带电断、接变压器台三相引线，然后在跌落式熔断器停电的情况下进行检修。在到达作业现场后，工作负责人甲得到调度命令后，宣读工作票，进行危险点分析，交代安全措施和技术措施，指派工作班成员乙、丙为杆上操作电工。工作班成员签字确认后，杆上电工乙、丙利用登杆工具登杆至适当位置，利用绝缘杆进行带电断引线，当 A、C 相引线断开后，准备断 B 相时，工作负责人甲急于完成作业，擅自登上变压器台，赤手对跌落式熔断器熔丝管调整试合（忘记 B 相引线没有断开），导致感电，从 3.5m 高处的变压器上坠落地面，经医院抢救，工作负责人甲右臂截肢。

2. 事故原因

2.1 直接原因

2.1.1 工作负责人甲擅自登上变压器台，对带电的 B 相跌落式熔断器熔丝管调整试合，是发生事故的直接原因。

2.1.2 工作负责人甲没有使用绝缘工具，而徒手对跌落式熔断器调整试合。

2.2 主要原因

2.2.1 工作负责人（监护人）不得直接操作和兼做其他工作。

2.2.2 工作票签发人所派工作负责人和工作班成员不适当、不充足，没有了解工作负责人甲的精神状态是否良好，导致工作负责人甲急于完成作业而发生事故。

2.3 间接原因

杆上电工乙、丙没有互相关心安全，没有发现并及时制止工作负责人的严重违章作业。

3. 违反相关规定

3.1 工作票签发人的安全责任：① 工作必要性和安全性；② 工作票所列安全措施是否正确完备；③ 所派工作负责人和工作班成员是否适当和充足。

3.2 工作负责人的安全责任：① 正确安全地组织工作；② 负责检查工作票所列安全措施是否正确完备，是否符合现场实际条件，必要时应予以补充；③ 督促、监护工作班成员遵守《安规》、正确使用劳动防护用品和执行现场安全措施。

3.3 工作负责人应时刻掌握作业的进展情况，密切注视作业人员的动作，根据作业方案及作业步骤及时做出适当的指示，整个作业过程中不得放松对危险部位的监护工作。

3.4 带电作业应设专责监护人。监护人不得直接操作。监护的范围不得超过一个作业点。

3.5 工作班成员的安全责任：① 熟悉工作内容、工作流程，掌握安全措施，明确工作中的危险点，并履行确认手续；② 严格遵守安全规章制度、技术规程和劳动纪律，对自己在工作中的行为负责，互相关心工作安全，并监督《安规》的执行和现场安全措施的实施；③ 作业人员正确使用安全工器具和劳动防护用品。

3.6 作业人员与带电体保持规定的安全距离，戴绝缘手套和穿绝缘靴。通过绝缘工具进行作业的方式。在作业范围狭小或线路多回架设，作业人员身体各部位有可能触及不同电位的电力设施时，作业人员应穿戴全套绝缘防护用具，对带电体应进行绝缘遮蔽。

4. 危险点

4.1 带电作业时，安全距离不足引起触电

带电作业人员接触带电体时，与接地体应保持 0.4m 及以上安全距离，与邻相带电体保持 0.6m 及以上安全距离；带电作业人员接触接地体时，与带电体应保持 0.4m 及以上安全距离，安全距离不足时，做好绝缘遮蔽隔离措施。

4.2 气象条件不符合要求

带电作业应在良好的天气下进行，作业前须进行风速和湿度测量。风力大于 5 级，或湿度大于 80%时，不宜进行带电作业。若遇有雷电、雪、雹、雨、雾等不良天气，禁止带电作业。带电作业过程中若遇有天气突然变化，有可能危及人身及设备安全时，应立即

停止工作，撤离人员，恢复设备正常状况，或采取临时安全措施。

4.3 绝缘工器具不合格，作业时绝缘工器具表面泄漏电流过大

绝缘工器具应按定置要求分类摆放在防潮帆布上，绝缘工器具不能与金属工具、材料混放。检查个人绝缘防护用具、遮蔽用具无针孔、砂眼、裂纹等，绝缘手套必须做充气试验，试验合格证在有效期范围内。绝缘工具使用前应仔细检查确认没有损坏、受潮、变形、失灵，否则禁止使用。并用 2500V 及以上绝缘电阻表或绝缘检测仪进行分段绝缘检测（电极宽 2cm，极间宽 2cm），阻值不低于 700MΩ。

4.4 作业现场悬挂标志牌和装设围栏

在城区、人口密集区地段或交通道口和通行道路上施工时，应设置安全围栏，安全围栏的范围应考虑作业中高空坠落和高空落物的影响以及道路交通，必要时联系交通部门，围栏的出入口应设置合理。

4.5 作业时违反安规进行操作，可能引起高空坠落，物体打击伤人

带电作业时，工器具、材料应放在专用工具袋内，防止坠落。工器具、材料传递至工作合适位置应固定牢靠，不准随意摆放，避免落物伤人。上下抛掷工器具、材料容易发生失手坠落等情况，所以应使用绝缘绳索拴牢后传递。

4.6 带电作业前后联系调度员

进行带电作业时，无论此次作业是否需要停用线路重合闸装置，作业前后都应该联系调度员，在线路发生异常情况时，调度员可以从保护人身安全角度出发，采用更为妥善的处理方案，避免线路强送电或试送电。在带电作业过程中，线路重合闸装置对带电作业人员的安全起到后备保护的作用。一是在带电作业点发

生事故时，线路重合闸装置不启动，避免带电作业人员遭受二次电击的危害；二是非作业点发生故障时，有可能产生内部过电压，线路重合闸装置不启动，避免带电作业人员遭受内部过电压的危害。

4.7　作业人员违反规程作业，误碰带电体，造成人身触电

采用绝缘杆进行带电作业时，时刻保持与带电体的安全距离，要采取可靠的安全措施。即便带电体设置了绝缘遮蔽隔离措施，也不能碰触带电体，因为采用绝缘杆作业法时，绝缘杆是主绝缘，个人防护用具、绝缘遮蔽用具是辅助绝缘，所以作业人员不能碰触带电体。

5. 防范措施

5.1　作业人员在带电作业过程中，使用的绝缘操作杆必须保持0.7m及以上的有效绝缘长度。

5.2　作业人员利用绝缘杆作业法进行带电作业时，人体与邻近带电体必须保持0.4m及以上的安全距离。不能满足安全距离时，应采取绝缘遮蔽隔离措施。

5.3　作业人员必须使用合格的绝缘工器具和安全防护用具，登杆前检查登高工具及安全带，并做冲击试验。作业人员登杆作业时，应使用带有后备保护绳的安全带，副安全带缠绕在杆身上，杆上作业人员进行转位时，不得失去安全带保护，以防止高空坠落。

5.4　带电作业决不允许不具备条件的人员担任工作负责人，他无能力制止作业中的错误操作和及早发现操作中的不安全动作。对工作负责人的选用必须严格遵守 Q/GDW 1799.2—2013 中各项有关规定，选择多年从事带电作业工作，有一定理论基础和丰富实际经验，且有一定的组织能力和对异常情况及事故处理能力的人员担任。

5.5 带电作业工作负责人在带电作业开始前，应与值班调度员联系。需停用重合闸或直流再启动保护的作业和带电断、接引线应由值班调度员履行许可手续。

5.6 带电作业应设专责监护人。监护人不得直接操作。监护的范围不得超过一个作业点。

5.7 不论对谁都应坚持不懈地进行安全思想教育，由于主管生产领导、工作负责人、工作班成员的安全思想不牢固，对简单的常规带电作业项目，在思想上没有引起足够的重视，认为不会有异常情况发生，便进行现场作业造成事故。所以，无论是否是简单的现场作业，都应进行坚持不懈的安全思想教育，督促他们树立起牢固的“安全第一、预防为主、综合治理”的思想，已达到防患于未然。

案例九　带电拆除支接线路，相间短路

1. 事故简况

某供电公司带电作业班 4 人，利用绝缘斗臂车采用绝缘手套作业法，进行 10kV 带电拆除支接线路作业，线路设置为垂直排列，导线为裸铝导线。到达作业现场后，工作负责人甲得到调度命令后，宣读工作票，进行危险点分析，交代安全措施和技术措施，指派工作班成员乙为斗内电工，丙为专责监护人，丁为地面电工。工作班成员签字确认后，斗内电工乙穿戴全套个人绝缘防护用具，系好安全带，在操作绝缘斗臂车进入工作位置时，为了避开路灯杆

塔，工作斗位置较高，斗内电工乙直接使用断线剪在分支侧将最上层引线剪断，引线垂下，搭落在下层两相带电导线上，造成相间短路。主导线在电动力作用下扭曲成麻花状，斗内电工乙面部严重烧伤。

2. 事故原因

2.1 直接原因

斗内电工乙带电作业经验不足，图省事，错误地将最上层引线剪断，发生相间短路，是发生事故的直接原因。

2.2 主要原因

斗内电工乙没有严格执行带电作业的有关规定，在剪断引线时，没有考虑到引线断开后，会直接落在两相带电导线上，没有对下层两相带电导线采取绝缘遮蔽隔离措施或其他有效的安全措施，是发生事故的主要原因。

2.3 间接原因

工作负责人安全监护不到位，在斗内电工乙即将剪断上层引线时没有及时制止，对下层两相带电导线没有设置绝缘遮蔽隔离措施的情况下没有及时纠正。

3. 违反相关规定

3.1 工作负责人的安全责任：① 正确安全地组织工作；② 负责检查工作票所列安全措施是否正确完备，是否符合现场实际条件，必要时应予以补充；③ 督促、监护工作班成员遵守《安规》、正确使用劳动防护用品和执行现场安全措施；④ 严格执行工作票所列安全措施。

3.2 工作负责人应时刻掌握作业的进展情况，密切注视作业人员的动作，根据作业方案及作业步骤及时做出适当的指示，整个作业过程中不得放松对危险部位的监护工作。

3.3 工作班成员的安全责任：① 熟悉工作内容、工作流程，掌握安全措施，明确工作中的危险点，并履行确认手续；② 严格遵守安全规章制度、技术规程和劳动纪律，对自己在工作中的行为负责，互相关心工作安全，并监督《安规》的执行和现场安全措施的实施；③ 作业人员正确使用安全工器具和劳动防护用品。

3.4 作业人员与带电体保持规定的安全距离，戴绝缘手套和穿绝缘靴。通过绝缘工具进行作业的方式。在作业范围狭小或线路多回架设，作业人员身体各部位有可能触及不同电位的电力设施时，作业人员应穿戴全套绝缘防护用具，对带电体应进行绝缘遮蔽。

3.5 带电作业工作票签发人或工作负责人认为有必要时，应组织有经验的人员到现场勘察，根据勘察结果作出能否进行带电作业的判断，并确定作业方法和所需工具以及应采取的措施。

4. 风险点

4.1 带电作业时，安全距离不足引起触电

带电作业人员接触带电体时，与接地体应保持 0.4m 及以上安全距离，与邻相带电体保持 0.6m 及以上安全距离；带电作业人员接触接地体时，与带电体应保持 0.4m 及以上安全距离，安全距离不足时，做好绝缘遮蔽隔离措施。

4.2 气象条件不符合要求

带电作业应在良好的天气下进行，作业前须进行风速和湿度测量。风力大于 5 级，或湿度大于 80%时，不宜进行带电作业。若遇

有雷电、雪、雹、雨、雾等不良天气，禁止带电作业。带电作业过程中若遇有天气突然变化，有可能危及人身及设备安全时，应立即停止工作，撤离人员，恢复设备正常状况，或采取临时安全措施。

4.3 绝缘工器具不合格，作业时绝缘工器具表面泄漏电流过大

绝缘工器具应按定置要求分类摆放在防潮帆布上，绝缘工器具不能与金属工具、材料混放。检查个人绝缘防护用具、遮蔽用具无针孔、砂眼、裂纹等，绝缘手套必须做充气试验，试验合格证在有效期范围内。绝缘工具使用前应仔细检查确认没有损坏、受潮、变形、失灵，否则禁止使用。并用 2500V 及以上绝缘电阻表或绝缘检测仪进行分段绝缘检测（电极宽 2cm，极间宽 2cm），阻值不低于 700MΩ。

4.4 作业现场悬挂标志牌和装设围栏

在城区、人口密集区地段或交通道口和通行道路上施工时，应设置安全围栏，安全围栏的范围应考虑作业中高空坠落和高空落物的影响以及道路交通，必要时联系交通部门，围栏的出入口应设置合理。

4.5 作业时违反安规进行操作，可能引起高空坠落，物体打击伤人

带电作业时，工器具、材料应放在专用工具袋内，防止坠落。工器具、材料传递至工作合适位置应固定牢靠，不准随意摆放，避免落物伤人。上下抛掷工器具、材料容易发生失手坠落等情况，所以应使用绝缘绳索拴牢后传递。

4.6 带电作业前后联系调度员

进行带电作业时，无论此次作业是否需要停用线路重合闸装置，作业前后都应该联系调度员，在线路发生异常情况时，调度员可以从保护人身安全角度出发，采用更为妥善的处理方案，避免线

路强送电或试送电。在带电作业过程中，线路重合闸装置对带电作业人员的安全起到后备保护的作用。一是在带电作业点发生事故时，线路重合闸装置不启动，避免带电作业人员遭受二次电击的危害；二是非作业点发生故障时，有可能产生内部过电压，线路重合闸装置不启动，避免带电作业人员遭受内部过电压的危害。

4.7 杆上作业人员站位较高，盲目作业

作业人员由于要避开路灯杆，所以站位较高，在不能观察到整个作业现场环境的情况下，没有对下层带电体进行绝缘遮蔽及隔离的情况下，盲目剪断上层导线，造成引线落到下层导线上，造成相间短路。

4.8 作业过程中引起相间短路或接地

对作业范围内的带电导线、绝缘子、金属横担等应进行绝缘遮蔽。作业时，作业区域带电导线、绝缘子等应采取相间、相对地的绝缘隔离措施。禁止同时接触两个非连通的带电导体或带电导体与接地导体。作业人员与带电体保持规定的安全距离，作业前均需对人体可能触及范围内的带电体和接地体进行绝缘遮蔽，在作业范围狭小，电气设备布置密集处，为保证作业人员对邻相带电体或接地体的有效隔离，在适当位置还应装设绝缘隔板或隔离罩等限制作业者活动范围。

5. 防范措施

5.1 作业人员进行带电作业时，人体与邻近带电体必须保持0.4m及以上的安全距离。不能满足安全距离时，应采取绝缘遮蔽隔离措施。

5.2 作业人员利用绝缘杆作业法进行带电作业时，人体与邻近带电体必须保持 0.4m 及以上的安全距离。不能满足安全距离时，应采取绝缘遮蔽隔离措施。

5.3 斗臂车金属臂在仰起、回转运动中，与带电体间的安全距离不得小于 0.9m。

5.4 绝缘斗臂车在使用前应认真检查其表面状况，若绝缘臂、斗表面存在明显脏污，可用清洁毛巾或棉布擦拭，斗臂车在使用前应空斗试操作一次，确认液压传动、回转、升降、伸缩系统工作正常，操作灵活，制动装置可靠。作业过程中斗臂车不得熄火。

5.5 作业人员在使用绝缘断线剪断引线时，应注意被开断的引线碰及有电设备。

5.6 在接触带电导线前应得到专责监护人的认可。

5.7 在作业时，要注意带电导线与横担及邻相导线的安全距离。

5.8 所有人员有权拒绝违章指挥和强令冒险作业；在发现直接危及人身、电网和设备安全的紧急情况时，有权停止作业或者在采取可能的紧急措施后撤离作业现场，并立即报告。

5.9 带电作业工作负责人在带电作业开始前，应与值班调度员联系。需停用重合闸或直流再启动保护的作业，带电断、接引线应由值班调度员履行许可手续。

5.10 带电作业工作票签发人或工作负责人认为有必要时，应组织有经验的人员到现场勘察，根据勘察结果作出能否进行带电作业的判断，并确定作业方法和所需工具以及应采取的措施。

案例十　处理导线异物方法不当，发生相间短路

1. 事故简况

某供电公司带电作业班 4 人，利用绝缘斗臂车采用绝缘手套作业法，进行 10kV 带电摘除 A 导线异物（A、B 相导线在一侧），线路设置为水平排列。到达作业现场后，工作负责人甲得到调度命令后，宣读工作票，进行危险点分析，交代安全措施和技术措施，指派工作班成员乙为斗内电工，丙为专责监护人，丁为地面电工。工作班成员签字确认后，斗内电工乙穿戴全套个人绝缘防护用具，系好安全带，操作绝缘斗臂车进入到与带电导线平行位置，进行带电拆除导线异物，斗内电工乙拽了两下没下来，随即两手又使劲拽了一下，只听工作负责人甲在下面喊："停……"，话音未落，只见"咣"的一声，A 相导线由于摆动过大与邻近的 B 相导线发生相间短路，造成线路全停。

2. 事故原因

2.1　直接原因

斗内电工乙带电作业经验不足，错误地将工作斗站位到与带电导线水平位置，野蛮施工，用力拽导线抛挂物，是发生事故的直接原因。

2.2　主要原因

斗内电工乙没有严格执行带电作业的有关规定，没有对带电的 A、B 相导线等设置绝缘遮蔽隔离措施，没有考虑到 A、B 相导线之

间只有 0.7m 的距离，用力拽导线抛挂物，由于导线弧垂过大，造成相间短路是发生事故的主要原因。

2.3 间接原因

2.3.1 工作负责人甲没有正确地组织工作，宣读工作票，进行危险点分析，交代安全措施和技术措施流于形式。

2.3.2 工作负责人甲安全监护不到位，没有及时制止斗内电工乙未对带电导线设置绝缘遮蔽隔离措施的情况下，就直接用力拽导线抛挂物的危险；没有对工作斗站位较高及时纠正。

3. 违反相关规定

3.1 工作负责人的安全责任：① 正确安全地组织工作；② 负责检查工作票所列安全措施是否正确完备，是否符合现场实际条件，必要时应予以补充；③ 督促、监护工作班成员遵守《安规》、正确使用劳动防护用品和执行现场安全措施。

3.2 工作负责人应时刻掌握作业的进展情况，密切注视作业人员的动作，根据作业方案及作业步骤及时做出适当的指示，整个作业过程中不得放松对危险部位的监护工作。

3.3 工作班成员的安全责任：① 熟悉工作内容、工作流程，掌握安全措施，明确工作中的危险点，并履行确认手续；② 严格遵守安全规章制度、技术规程和劳动纪律，对自己在工作中的行为负责，互相关心工作安全，并监督《安规》的执行和现场安全措施的实施；③ 作业人员正确使用安全工器具和劳动防护用品。

3.4 作业人员与带电体保持规定的安全距离，戴绝缘手套和穿绝缘靴。通过绝缘工具进行作业的方式。在作业范围狭小或线路多回架设，作业人员身体各部位有可能触及不同电位的电力设施时，作业人员应穿戴全套绝缘防护用具，对带电体应进行绝缘遮蔽。

3.5 带电作业时，绝缘斗臂车的绝缘斗应在合适的工作位置，并正确使用绝缘工具。

4. 危险点

4.1 带电作业时，安全距离不足引起触电

带电作业人员接触带电体时，与接地体应保持 0.4m 及以上安全距离，与邻相带电体保持 0.6m 及以上安全距离；带电作业人员接触接地体时，与带电体应保持 0.4m 及以上安全距离，安全距离不足时，做好绝缘遮蔽隔离措施。

4.2 气象条件不符合要求

带电作业应在良好的天气下进行，作业前须进行风速和湿度测量。风力大于 5 级，或湿度大于 80%时，不宜进行带电作业。若遇有雷电、雪、雹、雨、雾等不良天气，禁止带电作业。带电作业过程中若遇有天气突然变化，有可能危及人身及设备安全时，应立即停止工作，撤离人员，恢复设备正常状况，或采取临时安全措施。

4.3 绝缘工器具不合格，作业时绝缘工器具表面泄漏电流过大

绝缘工器具应按定置要求分类摆放在防潮帆布上，绝缘工器具不能与金属工具、材料混放。检查个人绝缘防护用具、遮蔽用具无针孔、砂眼、裂纹等，绝缘手套必须做充气试验，试验合格证在有效期范围内。绝缘工具使用前应仔细检查确认没有损坏、受潮、变形、失灵，否则禁止使用。并用 2500V 及以上绝缘电阻表或绝缘检测仪进行分段绝缘检测（电极宽 2cm，极间宽 2cm），阻值不低于 700MΩ。

4.4 作业现场悬挂标志牌和装设围栏

在城区、人口密集区地段或交通道口和通行道路上施工时，应

设置安全围栏，安全围栏的范围应考虑作业中高空坠落和高空落物的影响以及道路交通，必要时联系交通部门，围栏的出入口应设置合理。

4.5 作业时违反安规进行操作，可能引起高空坠落，物体打击伤人

带电作业时，工器具、材料应放在专用工具袋内，防止坠落。工器具、材料传递至工作合适位置应固定牢靠，不准随意摆放，避免落物伤人。上下抛掷工器具、材料容易发生失手坠落等情况，所以应使用绝缘绳索拴牢后传递。

4.6 带电作业前后联系调度员

进行带电作业时，无论此次作业是否需要停用线路重合闸装置，作业前后都应该联系调度员，在线路发生异常情况时，调度员可以从保护人身安全角度出发，采用更为妥善的处理方案，避免线路强送电或试送电。在带电作业过程中，线路重合闸装置对带电作业人员的安全起到后备保护的作用。一是在带电作业点发生事故时，线路重合闸装置不启动，避免带电作业人员遭受二次电击的危害；二是非作业点发生故障时，有可能产生内部过电压，线路重合闸装置不启动，避免带电作业人员遭受内部过电压的危害。

4.7 作业过程中引起导线断线、短路或接地

清除导线异物时，应选用合适的绝缘操作用具进行清除异物，作业过程中，作业人员动作不宜过大，避免损伤导线，发生导线断线的危险。

5. 防范措施

5.1 作业人员在带电作业过程中，使用的绝缘操作杆必须保持0.7m及以上的有效绝缘长度。

5.2 作业人员利用绝缘杆作业法进行带电作业时，人体与邻近带电体必须保持 0.4m 及以上的安全距离。不能满足安全距离时，应采取绝缘遮蔽隔离措施。

5.3 斗臂车金属臂在仰起、回转运动中与带电体间的安全距离不得小于 0.9m。

5.4 绝缘斗臂车在使用前应认真检查其表面状况，若绝缘臂、斗表面存在明显脏污，可用清洁毛巾或棉布擦拭，斗臂车在使用前应空斗试操作一次，确认液压传动、回转、升降、伸缩系统工作正常，操作灵活，制动装置可靠。作业过程中斗臂车不得熄火。

5.5 在接触带电导线前应得到工作监护人的认可。

5.6 在作业时，要注意带电导线与横担及邻相导线的安全距离

清除导线异物时，应选用合适的绝缘操作用具进行清除异物，作业过程中，作业人员动作不宜过大，避免损伤导线，发生导线断线的危险。

5.7 对作业范围内的带电导线、绝缘子、金属横担等应进行绝缘遮蔽。作业时，作业区域带电导线、绝缘子等应采取相间、相对地的绝缘隔离措施。禁止同时接触两个非连通的带电导体或带电导体与接地导体。作业人员与带电体保持规定的安全距离，作业前均需对人体可能触及范围内的带电体和接地体进行绝缘遮蔽，在作业范围狭小，电气设备布置密集处，为保证作业人员对邻相带电体或接地体的有效隔离，在适当位置还应装设绝缘隔板或隔离罩等限制作业者活动范围。

5.8 不论对谁都应坚持不懈的进行安全思想教育，由于主管生产领导、工作负责人、工作班成员的安全思想不牢固，对简单的常规带电作业项目，在思想上没有引起足够的重视，认为不会有异常

情况发生，便进行现场作业造成事故。所以，无论是否是简单的现场作业，都应进行坚持不懈的安全思想教育，督促他们树立起牢固的“安全第一、预防为主、综合治理”的思想，已达到防患于未然。

第三部分　作业器具因素

本部分主要搜集归类作业器具因素案例，并进行了针对性综合分析，分别从车辆方面、工器具方面、作业装备维护保养方面、人员对车辆使用方面、人员对工器具操作方面等结合每起事故案例进行细致分析，主要存在未掌握其作业范围，盲目使用绝缘斗臂车；绝缘平台不牢固；所选择承载工具超负荷作业；没有对绝缘举线器进行检查试验；绝缘举线器日常保养不到位；绝缘斗臂车操作不当；采用带电作业遮蔽用具不正确；经验缺乏，斗臂车位置选择不当；绝缘斗臂车试操作不充分等问题，并对这些问题进行了阐述。

案例一　绝缘斗臂车操作不当，导致作业人员滞留在空中

1. 事故简况

某供电公司带电作业班 4 人，利用绝缘斗臂车采用绝缘手套作业法，进行 10kV 带电修补导线作业，线路设置为水平排列。由于本单位车辆年检（只有一台绝缘斗臂车），工作负责人甲从其他单位借来一辆绝缘斗臂车（与原单位车型不同）。到达作业现场后，工作负责人甲得到调度命令后，宣读工作票，进行危险点分析，交代安全措施和技术措施，指派工作班成员乙、丙为斗内电工，丁为地面电工。工作班成员签字确认后，斗内电工乙、丙穿戴全套个人绝缘防护用具，系好安全带，操作绝缘斗臂车进入工作位置。斗内电工乙、丙当修补完导线后，斗内电工乙对其他单位借来的绝缘斗臂车好奇，想试操作一下斗臂车，准备旋转 360°方向返回地面时，突然绝缘斗臂车停止工作，致使斗内电工乙和丙滞留空中，无法返回地面。后经检查发现原因是绝缘臂转动位置达到设计极限，安全机构将车辆的工作臂锁死，需解锁后方可继续操作。

2. 事故原因

2.1　直接原因

斗内电工乙对外借的绝缘斗臂车性能不熟悉，未掌握其作业范围，盲目使用，是发生事故的直接原因。

2.2 主要原因

2.2.1 在带电作业开始前，未对绝缘斗臂车进行空斗试操作，试操作的范围应充分，覆盖高空作业点位置。

2.2.2 斗内电工乙视高空作业当儿戏，作业现场没有纪律性，在对借来的绝缘斗臂车性能不了解的情况下试操作，导致滞留空中。

2.3 间接原因

2.3.1 本单位编制带电作业计划和车辆年检相冲突，主管生产领导把关不严格。

2.3.2 工作负责人甲在对借来的绝缘斗臂车性能不了解的情况下，没有向借来绝缘斗臂车单位询问车辆性能，或者借用了解绝缘斗臂车性能的技术人员。

3. 违反相关规定

3.1 高架绝缘斗臂车应经试验合格。斗臂车操作人员应熟悉带电作业的有关规定和绝缘斗臂车的性能，并经专门培训，考试合格、持证上岗。

3.2 高架绝缘斗臂车的工作位置应选择适当，支撑应稳固可靠，并有防倾覆措施。使用前应在预定位置空斗试操作一次，确认液压传动、回转、升降、伸缩系统工作正常、操作灵活、转动装置可靠。

3.3 带电作业工作票签发人和主管生产领导的安全责任：① 确认工作必要性和安全性；② 工作票上所填安全措施是否正确完备。

3.4 工作负责人应时刻掌握作业的进展情况，密切注视作业人员的动作，根据作业方案及作业步骤及时做出适当的指示，整个作业过程中不得放松对危险部位的监护工作。

3.5　工作负责人的安全责任：① 正确安全地组织工作；② 负责检查工作票所列安全措施是否正确完备，是否符合现场实际条件，必要时予以补充；③ 工作前对工作班成员进行危险点告知，交代安全措施和技术措施，并确认每一个工作班成员都已知晓；④ 严格执行工作票所列安全措施；⑤ 督促、监护工作班成员遵守《安规》、正确使用劳动防护用品和执行现场安全措施。

3.6　工作班成员的安全责任：① 熟悉工作内容、工作流程，掌握安全措施，明确工作中的危险点，并履行确认手续；② 严格遵守安全规章制度、技术规程和劳动纪律，对自己在工作中的行为负责，互相关心工作安全，并监督《安规》的执行和现场安全措施的实施；③ 正确使用安全工器具和劳动防护用品。

4. 危险点

4.1　带电作业时，安全距离不足引起触电

带电作业人员接触带电体时，与接地体应保持 0.4m 及以上安全距离，与邻相带电体保持 0.6m 及以上安全距离；带电作业人员接触接地体时，与带电体应保持 0.4m 及以上安全距离，安全距离不足时，做好绝缘遮蔽隔离措施。

4.2　气象条件不符合要求

带电作业应在良好的天气下进行，作业前须进行风速和湿度测量。风力大于 5 级，或湿度大于 80%时，不宜进行带电作业。若遇有雷电、雪、雹、雨、雾等不良天气，禁止带电作业。带电作业过程中若遇有天气突然变化，有可能危及人身及设备安全时，应立即停止工作，撤离人员，恢复设备正常状况，或采取临时安全措施。

4.3 绝缘工器具不合格，作业时绝缘工器具表面泄漏电流过大

绝缘工器具应按定置要求分类摆放在防潮帆布上，绝缘工器具不能与金属工具、材料混放。检查个人绝缘防护用具、遮蔽用具无针孔、砂眼、裂纹等，绝缘手套必须做充气试验，试验合格证在有效期范围内。绝缘工具使用前应仔细检查确认没有损坏、受潮、变形、失灵，否则禁止使用。并用 2500V 及以上绝缘电阻表或绝缘检测仪进行分段绝缘检测（电极宽 2cm，极间宽 2cm），阻值不低于 700MΩ。

4.4 作业现场悬挂标志牌和装设围栏

在城区、人口密集区地段或交通道口和通行道路上施工时，应设置安全围栏，安全围栏的范围应考虑作业中高空坠落和高空落物的影响以及道路交通，必要时联系交通部门，围栏的出入口应设置合理。

4.5 作业时违反安规进行操作，可能引起高空坠落，物体打击伤人

带电作业时，工器具、材料应放在专用工具袋内，防止坠落。工器具、材料传递至工作合适位置应固定牢靠，不准随意摆放，避免落物伤人。上下抛掷工器具、材料容易发生失手坠落等情况，所以应使用绝缘绳索拴牢后传递。

4.6 带电作业前后联系调度员

进行带电作业时，无论此次作业是否需要停用线路重合闸装置，作业前后都应该联系调度员，在线路发生异常情况时，调度员可以从保护人身安全角度出发，采用更为妥善的处理方案，避免线路强送电或试送电。在带电作业过程中，线路重合闸装置对带电作业人员的安全起到后备保护的作用。一是在带电作业点发生事故时，线路重合闸装置不启动，避免带电作业人员遭受二次电击的危

害；二是非作业点发生故障时，有可能产生内部过电压，线路重合闸装置不启动，避免带电作业人员遭受内部过电压的危害。

4.7 作业前检查作业杆塔、导线等

带电作业前，应对作业点的杆塔、导线等进行外观检查。确认杆根、基础、拉线等是否牢固，严防杆塔倾倒，对作业人员造成严重伤害。确认导线、导线固结点等牢固，防止作业人员触电或损伤设备。

4.8 作业前检查绝缘斗臂车

绝缘斗臂车工作位置应满足作业需求的位置，支撑点应稳固可靠，并有防倾覆措施。使用前，必须对各转动、升降和回转系统进行认真检查，确认其操作灵活、制动可靠，然后按照实际作业高度位置空斗试验，没有问题方可开始作业。

4.9 作业过程中引起导线断线

在带电作业修补导线过程中，作业人员动作不宜过大，避免损伤导线，发生导线断线的危险。

5. 防范措施

5.1 提高作业人员工作纪律性，在带电作业过程中一定要遵守标准化作业指导书、工作票的安全措施和技术措施等，不得做与工作无关的活动。

5.2 加强带电作业计划的编制，与车辆年检计划、工器具试验计划不得互相冲突。

5.3 在对外借装备进行作业时，首先要了解其装备的性能和注意事项等，不能盲目使用。

5.4 开展带电作业人员安全和业务技能培训，培训不流于形势，要有针对性，本着活学活用，干什么学什么的原则，侧重实践工作，具体落实到每一项工作中，对绝缘斗臂车性能不了解，应向其他人了解性能后方可进行高空作业。

5.5 有针对性地制定和完善组织措施、安全措施、技术措施；带电作业操作规程、现场标准化作业指导书、卡等要适用于实际作业现场；优化带电作业流程，提高工作效率，进而规范工作人员的作业行为。

5.6 带电作业决不允许不具备条件的人员担任工作负责人，他无能力制止作业中的错误操作和及早发现操作中的不安全动作。对工作负责人的选用必须严格遵守 Q/GDW 1799.2—2013 中各项有关规定，选择多年从事带电作业工作，有一定理论基础和丰富实际经验，且有一定的组织能力和对异常情况及事故处理能力的人员担任。

5.7 不论对谁都应坚持不懈的进行安全思想教育，由于主管生产领导、工作负责人、工作班成员的安全思想不牢固，对简单的常规带电作业项目，在思想上没有引起足够的重视，认为不会有异常情况发生，便进行现场作业造成事故。所以，无论是否是简单的现场作业，都应进行坚持不懈的安全思想教育，督促他们树立起牢固的“安全第一、预防为主、综合治理”的思想，已达到防患于未然。

案例二　绝缘平台安装不牢固，作业人员失稳，人员触电

1. 事故简况

某供电公司带电作业班 4 人，利用绝缘平台采用绝缘手套作业法，进行 10kV 带电接分支线路引线作业，线路设置为水平排列。

到达作业现场后，工作负责人甲得到调度命令后，宣读工作票，进行危险点分析，交代安全措施和技术措施，指派工作班成员乙为杆上电工，丙为专责监护人，丁为地面电工。工作班成员签字确认后，杆上电工乙利用登杆工具安装完毕绝缘平台后，直接踏上绝缘平台，系好安全带，穿戴全套绝缘防护用具开始带电作业。当杆上电工乙接分支线路引线完毕后，解开安全带准备撤离绝缘平台，因绝缘平台安装不牢固，发生倾斜，杆上电工乙站立不稳，左手抓住横担，右手触碰带电导线（此时绝缘手套已摘除），发生人身触电，作业人员坠落地面，导致重伤。

2. 事故原因

2.1 直接原因

杆上电工乙组装绝缘平台不牢固，未进行安全检查，在作业过程中发生倾斜，是发生事故的直接原因。

2.2 主要原因

2.2.1 在带电作业过程中，禁止摘下个人防护用具，杆上电工乙在没有撤离带电作业区域的情况下，摘下绝缘手套，导致杆上电工乙双手同时触及不同电位，发生触电是本次事故的主要原因。

2.2.2 杆上电工乙作业完毕准备撤离绝缘平台时，由于过早解开安全带，绝缘平台倾斜，作业人员触电，导致杆上电工乙站立不稳坠落地面。

2.3 间接原因

2.3.1 杆上电工乙没有正确使用有后备绳或速差自锁器的双控背带式等安全带。

2.3.2 工作负责人现场安全监护不到位，没有发现杆上电工乙绝缘平台安装不牢固，没有及时制止杆上电工乙过早摘下绝缘手套和解开安全带。

3. 违反相关规定

3.1 绝缘平台贮存和运输后应无损伤，可拆卸部件或组件经装配后应完整，各部件连接应可靠。

3.2 进行直接接触 20kV 及以下电压等级带电设备的作业时，应穿着合格的绝缘防护用具（绝缘服或绝缘披肩、绝缘手套、绝缘鞋）；使用前应对绝缘防护用具进行外观检查。作业过程中禁止摘下绝缘防护用具。

3.3 带电作业工具应绝缘良好、连接牢固、转动灵活，并按厂家说明书、现场操作规程正确使用。

3.4 高处作业人员在作业过程中，应随时检查安全带是否拴牢。高处作业人员在转移作业位置时不准失去安全带保护。

3.5 作业人员在杆塔上作业时，应使用有后备绳或速差自锁器的双控背带式安全带，当后备保护绳超过 3m 时，应使用缓冲器。

3.6 工作负责人的安全责任：① 正确安全地组织工作；② 负责检查工作票所列安全措施是否正确完备，是否符合现场实际条件，必要时予以补充；③ 工作前对工作班成员进行危险点告知，交代安全措施和技术措施，并确认每一个工作班成员都已知晓；④ 严格执行工作票所列安全措施；⑤ 督促、监护工作班成员遵守《安规》、正确使用劳动防护用品和执行现场安全措施。

3.7 工作班成员的安全责任：① 熟悉工作内容、工作流程，掌握安全措施，明确工作中的危险点，并履行确认手续；② 严格遵守安全规章制度、技术规程和劳动纪律，对自己在工作中的行为负责，

互相关心工作安全，并监督《安规》的执行和现场安全措施的实施；③ 正确使用安全工器具和劳动防护用品。

4. 危险点

4.1 带电作业时，安全距离不足引起触电

带电作业人员接触带电体时，与接地体应保持 0.4m 及以上安全距离，与邻相带电体保持 0.6m 及以上安全距离；带电作业人员接触接地体时，与带电体应保持 0.4m 及以上安全距离，安全距离不足时，做好绝缘遮蔽隔离措施。

4.2 气象条件不符合要求

带电作业应在良好的天气下进行，作业前须进行风速和湿度测量。风力大于 5 级，或湿度大于 80%时，不宜进行带电作业。若遇有雷电、雪、雹、雨、雾等不良天气，禁止带电作业。带电作业过程中若遇有天气突然变化，有可能危及人身及设备安全时，应立即停止工作，撤离人员，恢复设备正常状况，或采取临时安全措施。

4.3 绝缘工器具不合格，作业时绝缘工器具表面泄漏电流过大

绝缘工器具应按定置要求分类摆放在防潮帆布上，绝缘工器具不能与金属工具、材料混放。检查个人绝缘防护用具、遮蔽用具无针孔、砂眼、裂纹等，绝缘手套必须做充气试验，试验合格证在有效期范围内。绝缘工具使用前应仔细检查确认没有损坏、受潮、变形、失灵，否则禁止使用。并用 2500V 及以上绝缘电阻表或绝缘检测仪进行分段绝缘检测（电极宽 2cm，极间宽 2cm），阻值不低于 700MΩ。

4.4 作业现场悬挂标志牌和装设围栏

在城区、人口密集区地段或交通道口和通行道路上施工时，应设置安全围栏，安全围栏的范围应考虑作业中高空坠落和高空落物的影

响以及道路交通，必要时联系交通部门，围栏的出入口应设置合理。

4.5 作业时违反安规进行操作，可能引起高空坠落，物体打击伤人

带电作业时，工器具、材料应放在专用工具袋内，防止坠落。工器具、材料传递至工作合适位置应固定牢靠，不准随意摆放，避免落物伤人。上下抛掷工器具、材料容易发生失手坠落等情况，所以应使用绝缘绳索拴牢后传递。

4.6 带电作业前后联系调度员

进行带电作业时，无论此次作业是否需要停用线路重合闸装置，作业前后都应该联系调度员，在线路发生异常情况时，调度员可以从保护人身安全角度出发，采用更为妥善的处理方案，避免线路强送电或试送电。在带电作业过程中，线路重合闸装置对带电作业人员的安全起到后备保护的作用。一是在带电作业点发生事故时，线路重合闸装置不启动，避免带电作业人员遭受二次电击的危害；二是非作业点发生故障时，有可能产生内部过电压，线路重合闸装置不启动，避免带电作业人员遭受内部过电压的危害。

4.7 绝缘平台安装牢固

绝缘平台使用前应检查表面应无孔洞、撞伤、擦伤、裂纹、是否脏污，可拆卸部件或各组件装配后应完整，转动灵活无卡阻，锁位功能正确等。

4.8 安全带的使用

安全带在使用前应进行外观检查。作业人员在杆塔上作业时，应使用有后备绳或速差自锁器的双控背带式安全带，当后备保护绳超过 3m 时，应使用缓冲器。安全带的挂钩或绳子应挂在结实牢固的构件或专为挂安全带用的钢丝绳上，并应采用高挂低用的方式，禁止系挂在移动或不牢固的物件上。高处作业人员在转移作业位置

时不准失去安全带保护。

4.9　禁止带负荷接引线

带电断空载线路时，应确认线路的另一端断路器（开关）和隔离开关（刀闸）确已断开，接入线路侧的变压器、电压互感器确已退出运行后，方可进行。带电接空载线路引线时，作业人员应戴护目镜，并采取消弧措施。消弧工具的断流能力应与被断开的空载线路电压等级及电容电流相适应。在接引线时，应先接设备里侧，按照先繁琐，后简单的顺序进行接引线。

4.10　严防人体串入电路

禁止同时接触未接通的导线两个断头，以防人体串入电路；带电接引线时，未接通相的导线将因感应而带电，为防止电击，应采取措施后才能触及。

4.11　引线摆动造成触电

在带电接引线过程中，应采取防止引线摆动的措施，将引线牢固的绑扎在本相主导线上，或采取专用绝缘操作杆固定引线。

5. 防范措施

5.1　采用绝缘手套作业法进行带电作业时，作业人员在带电区域活动时，作业人员与带电体和接地体应保证安全距离。不能满足安全距离时，应采取绝缘遮蔽隔离措施或其他措施。

5.2　利用绝缘平台采用绝缘手套作业法时，虽然绝缘平台是相地间主绝缘，个人绝缘防护用具是辅助绝缘，但在带电作业过程中，禁止摘下个人绝缘防护用具，它起到防止作业人员偶尔触及不同相位造成触电的作用。

5.3　作业人员必须使用合格的绝缘工器具和安全防护用具，登杆前检查绝缘平台及安全带是否合格。作业人员高空作业时，应使用带有后备保护绳的安全带，副安全带缠绕在杆身上，杆上作业人员进行转位时，不得失去安全带保护，以防止高空坠落。

5.4 有针对性地制定和完善组织措施、安全措施、技术措施；带电作业操作规程、现场标准化作业指导书、卡等要适用于实际作业现场；优化带电作业流程，提高工作效率，进而规范工作人员的作业行为。

5.5 带电作业决不允许不具备条件的人员担任工作负责人，他无能力制止作业中的错误操作和及早发现操作中的不安全动作。对工作负责人的选用必须严格遵守 Q/GDW 1799.2—2013 中各项有关规定，选择多年从事带电作业工作，有一定理论基础和丰富实际经验，且有一定的组织能力和对异常情况及事故处理能力的人员担任。

5.6 不论对谁都应坚持不懈的进行安全思想教育，由于主管生产领导、工作负责人、工作班成员的安全思想不牢固，对简单的常规带电作业项目，在思想上没有引起足够的重视，认为不会有异常情况发生，便进行现场作业造成事故。所以，无论是否是简单的现场作业，都应进行坚持不懈的安全思想教育，督促他们树立起牢固的“安全第一、预防为主、综合治理”的思想，以达到防患于未然。

案例三 带电更换电杆过程中，发生电杆倾倒，造成线路全停

1. 事故简况

某供电公司带电作业班 4 人，利用绝缘斗臂车采用绝缘手套

作业法，进行 10kV 带电更换电杆，线路设置为水平排列，被撞伤的电杆为 12m 杆，由于路基被经常修整、垫高，致使该电杆埋设较深而没被过往车辆撞倒。到达作业现场后，工作负责人甲得到调度命令后，宣读工作票，进行危险点分析，交代安全措施和技术措施，指派工作班成员乙为斗内电工，丙为专责监护人，丁为地面电工。工作班成员签字确认后，斗内电工乙穿戴全套个人绝缘防护用具，系好安全带，操作绝缘斗臂车进入工作位置。斗内电工乙对导线进行遮蔽并脱离电杆，8t 吊车就位开始拔电杆，随着吊车吊臂地伸出，电杆被一点一点地拔出。就在电杆被拔出约有 0.5m 的时候，8t 吊车开始内倾，系在电杆上的钢丝绳套"啪"的一声断开，由于电杆根部已经折断，电杆开始顺线路方向倒下，并挂住的 B、C 相导线，发生相间短路，造成 B、C 相导线断线，该线路随即跳闸停电。幸好吊电杆时现场人员较少，无人员伤亡。

2. 事故原因

2.1　直接原因

由于电杆埋设较深，吊车所用吊电杆的钢丝绳直径过小，难以承受拔出电杆的力量，致使钢丝绳在拔出过程中断裂，是发生事故的直接原因。

2.2　主要原因

2.2.1　在带电作业过程中，更换电杆方法选择不当，在导线进行遮蔽并脱离电杆后，没有将已经脱离的带电导线进行可靠固定。

2.2.2　工作负责人现场指挥不当，当吊车在吊杆发生内倾时，没有及时制止吊车停止作业。

2.3 间接原因

2.3.1 在带电更换电杆过程中，所选用的8t吊车吨位较小。

2.3.2 吊车司机经验不丰富，没有对电杆的埋深加以了解，吊电杆过程中，没有对吊杆钢丝绳过细和吊车吨位小提出异议或采取有效措施。

3. 违反相关规定

3.1 钢丝绳应按其力学性能选用，并应配备一定的安全系数。

3.2 撤杆应使用合格的起重设备，禁止过载使用。

3.3 利用已有杆塔撤杆，应先检查杆塔根部和杆塔强度，必要时增设临时拉线或其他补强措施。

3.4 使用吊车撤杆时，钢丝绳套应挂在电杆的适当位置，以防止电杆突然倾倒。应先检查有无卡盘或障碍物并试拔。

3.5 撤杆应设专人统一指挥。开工前，应交代施工方法、指挥信号和安全组织、技术措施，作业人员应明确分工、密切配合、服从指挥。

3.6 工作负责人的安全责任：① 正确安全地组织工作；② 负责检查工作票所列安全措施是否正确完备，是否符合现场实际条件，必要时予以补充；③ 工作前对工作班成员进行危险点告知，交代安全措施和技术措施，并确认每一个工作班成员都已知晓；④ 严格执行工作票所列安全措施；⑤ 督促、监护工作班成员遵守《安规》、正确使用劳动防护用品和执行现场安全措施。

3.7 工作班成员的安全责任：① 熟悉工作内容、工作流程，掌握安全措施，明确工作中的危险点，并履行确认手续；② 严格遵守安全规章制度、技术规程和劳动纪律，对自己在工作中的行为负责，互相关心工作安全，并监督《安规》的执行和现场安全措施的实施。

4. 危险点

4.1 带电作业时，安全距离不足引起触电

带电作业人员接触带电体时，与接地体应保持 0.4m 及以上安全距离，与邻相带电体保持 0.6m 及以上安全距离；带电作业人员接触接地体时，与带电体应保持 0.4m 及以上安全距离，安全距离不足时，做好绝缘遮蔽隔离措施。

4.2 气象条件不符合要求

带电作业应在良好的天气下进行，作业前须进行风速和湿度测量。风力大于 5 级，或湿度大于 80%时，不宜进行带电作业。若遇有雷电、雪、雹、雨、雾等不良天气，禁止带电作业。带电作业过程中若遇有天气突然变化，有可能危及人身及设备安全时，应立即停止工作，撤离人员，恢复设备正常状况，或采取临时安全措施。

4.3 绝缘工器具不合格，作业时绝缘工器具表面泄漏电流过大

绝缘工器具应按定置要求分类摆放在防潮帆布上，绝缘工器具不能与金属工具、材料混放。检查个人绝缘防护用具、遮蔽用具无针孔、砂眼、裂纹等，绝缘手套必须做充气试验，试验合格证在有效期范围内。绝缘工具使用前应仔细检查确认没有损坏、受潮、变形、失灵，否则禁止使用。并用 2500V 及以上绝缘电阻表或绝缘检测仪进行分段绝缘检测（电极宽 2cm，极间宽 2cm），阻值不低于 700MΩ。

4.4 作业现场悬挂标志牌和装设围栏

在城区、人口密集区地段或交通道口和通行道路上施工时，应设置安全围栏，安全围栏的范围应考虑作业中高空坠落和高空落物的影响以及道路交通，必要时联系交通部门，围栏的出入口应设置合理。

4.5 作业时违反安规进行操作，可能引起高空坠落，物体打击伤人

带电作业时，工器具、材料应放在专用工具袋内，防止坠落。工器具、材料传递至工作合适位置应固定牢靠，不准随意摆放，避免落物伤人。上下抛掷工器具、材料容易发生失手坠落等情况，所以应使用绝缘绳索拴牢后传递。

4.6 带电作业前后联系调度员

进行带电作业时，无论此次作业是否需要停用线路重合闸装置，作业前后都应该联系调度员，在线路发生异常情况时，调度员可以从保护人身安全角度出发，采用更为妥善的处理方案，避免线路强送电或试送电。在带电作业过程中，线路重合闸装置对带电作业人员的安全起到后备保护的作用。一是在带电作业点发生事故时，线路重合闸装置不启动，避免带电作业人员遭受二次电击的危害；二是非作业点发生故障时，有可能产生内部过电压，线路重合闸装置不启动，避免带电作业人员遭受内部过电压的危害。

4.7 作业前检查作业杆塔、导线等

带电作业前，应对作业点的杆塔、导线等进行外观检查。确认杆根、基础、拉线等是否牢固，严防杆塔倾倒，对作业人员造成严重伤害。确认导线、导线固结点等牢固，防止作业人员触电或损伤设备。

4.8 选择合格的起重设备和吊车司机

在带电撤杆作业过程中，应选择能够满足更换电杆重量（要考虑拔杆的重量）的吊车和技术全面的吊车司机，他能够估量拔杆的重量来选用吊杆钢丝绳，以及遇有复杂和突发情况的应急处理能力。

4.9 作业现场统一信号

在带电更换电杆作业中，工作负责人应与吊车司机、斗内电

工、地面电工明确作业中的信号、手势等，并时刻掌握作业的进展情况，密切注视作业现场全过程，特别是吊车、电杆的变化，以及斗内电工与吊车、电杆的安全距离。根据作业方案及作业步骤及时作出指示，整个作业过程不得放松监护作业。

5. 防范措施

5.1 选择满足安全系数的钢丝绳，钢丝绳不得过载使用，钢丝绳应定期浸油，钢丝绳磨损或腐蚀达到原来钢丝直径的 40%及以上，或钢丝绳受过严重退火或局部电弧烧伤应报废；钢丝绳绳芯或绳股挤出应报废；钢丝绳畸形、严重扭结或弯折应报废；钢丝绳压扁变形及表面起毛刺严重应报废；钢丝绳断丝数量不多，但断丝增加很快应报废。

5.2 采取正确的带电撤杆作业方法，在带电更换电杆作业中，一般采用吊车将需要更换的电杆吊牢固，然后绝缘横担安装在绝缘斗臂车的绝缘臂上，将带电导线脱离需要更换的电杆，提升至安全距离，然后进行更换电杆作业。不应采取将导线悬在半空中的作业方法。

5.3 带电更换电杆现场勘查不全面，复杂或大型的带电作业一定要组织进行现场勘查，并编制组织措施、技术措施、安全措施，提出危险点，并制定防范措施，特别是防倒杆措施。

5.4 在进行配合带电更换电杆过程中，应指定吊车司机和吊车，这样带电作业工作责任人和吊车司机有长期的合作，在一些手势或指令两人会配合密切，而且吊车司机长时间的配合带电作业，对带电的危险点也会了解，同时又增加现场安全监护。

5.5 有针对性地制定和完善组织措施、安全措施、技术措施；带电作业操作规程、现场标准化作业指导书、卡等要适用于实际作业现场，优化带电作业流程，提高工作效率，进而规范工作人员的作业行为。

5.6 带电作业决不允许不具备条件的人员担任工作负责人，他无能力制止作业中的错误操作和及早发现操作中的不安全动作。对工作负责人的选用必须严格遵守 Q/GDW 1799.2—2013 中各项有关规定，选择多年从事带电作业工作，有一定理论基础和丰富实际经验，且有一定的组织能力和对异常情况及事故处理能力的人员担任。

5.7 不论对谁都应坚持不懈的进行安全思想教育，由于主管生产领导、工作负责人、工作班成员的安全思想不牢固，对简单的常规带电作业项目，在思想上没有引起足够的重视，认为不会有异常情况发生，便进行现场作业造成事故。所以，无论是否是简单的现场作业，都应进行坚持不懈的安全思想教育，督促他们树立起牢固的“安全第一、预防为主、综合治理”的思想，以达到防患于未然。

案例四 举线器失灵，导致导线滞留空中

1. 事故简况

某供电公司带电作业班 4 人，采用绝缘杆作业法，进行 10kV 带电更换 B 相针式绝缘子，线路设置为水平排列。到达作业现场后，工作负责人甲得到调度命令后，宣读工作票，进行危险点分析，交代安全措施和技术措施，乙、丙为杆上电工，丁为地面电工。工作班成员签字确认后，杆上电工乙、丙穿戴全套的绝缘防护用具，利用登杆工具至距离带电体 0.4m 处，系好安全带，安装好绝缘举线器（绝缘举线器是自研制工具，已经使用 13 年，至今没有维修过），对带电导线

等进行绝缘遮蔽，拆除针式绝缘子绑扎线后，将导线提升至距离横担0.3m时，杆上电工乙操作举线器受力越来越大，随口对杆上电工丙说“操作举线器怎么越来越重呢”，杆上电工丙说“没什么事，可能是举线器长时间没有用的原因吧”杆上电工乙也没有说什么继续操作举线器将导线提升至安全距离位置，更换针式绝缘子后，将导线回落过程中发生举线器失灵，导致带电导线滞留空中。

2. 事故原因

2.1 直接原因

绝缘举线器年久失修，杆上电工乙、丙在操作举线器过程中发现用的力量越来越重，而没有停止作业，反而继续作业是发生事故的直接原因。

2.2 主要原因

带电作业前，没有对绝缘举线器进行检查试验，是发生事故的主要原因。

2.3 间接原因

2.3.1 绝缘举线器日常保养不到位，工器具库房保管员对工器具出入库检查不够细致，没有发现绝缘举线器存在异常情况。

2.3.2 工作负责人现场安全监护不到位，没有发现绝缘举线器在作业过程中受卡，没有及时停止作业。

3. 违反相关规定

3.1 绝缘用具贮存和运输后应无损伤，可拆卸部件或组件经装配后应完整，各部件连接应可靠。

3.2 带电作业工具应绝缘良好、连接牢固、转动灵活，并按厂家说明书、现场操作规程正确使用。

3.3 带电作业工具应统一编号、专人保管、登记造册，并建立试验、检修、使用记录。

3.4 有缺陷的带电作业工具应及时修复，不合格的应予以报废，禁止继续使用。

3.5 带电作业工具使用前，仔细检查确认没有损坏、受潮、变形、失灵，否则禁止使用。

3.6 工作负责人应时刻掌握作业的紧张情况，密切注视作业人员的动作，根据作业方案及作业步骤及时作出适当的指示，整个作业过程中不得放松对危险部位的监护工作。

3.7 工作负责人的安全责任：① 正确安全地组织工作；② 负责检查工作票所列安全措施是否正确完备，是否符合现场实际条件，必要时予以补充；③ 工作前对工作班成员进行危险点告知，交代安全措施和技术措施，并确认每一个工作班成员都已知晓；④ 严格执行工作票所列安全措施；⑤ 督促、监护工作班成员遵守《安规》、正确使用劳动防护用品和执行现场安全措施。

3.8 工作班成员的安全责任：① 熟悉工作内容、工作流程，掌握安全措施，明确工作中的危险点，并履行确认手续；② 严格遵守安全规章制度、技术规程和劳动纪律，对自己在工作中的行为负责，互相关心工作安全，并监督《安规》的执行和现场安全措施的实施；③ 正确使用安全工器具和劳动防护用品。

4. 危险点

4.1 带电作业时，安全距离不足引起触电

带电作业人员接触带电体时，与接地体应保持 0.4m 及以上安全

距离，与邻相带电体保持 0.6m 及以上安全距离；带电作业人员接触接地体时，与带电体应保持 0.4m 及以上安全距离，安全距离不足时，做好绝缘遮蔽隔离措施。

4.2 气象条件不符合要求

带电作业应在良好的天气下进行，作业前须进行风速和湿度测量。风力大于 5 级，或湿度大于 80%时，不宜进行带电作业。若遇有雷电、雪、雹、雨、雾等不良天气，禁止带电作业。带电作业过程中若遇有天气突然变化，有可能危及人身及设备安全时，应立即停止工作，撤离人员，恢复设备正常状况，或采取临时安全措施。

4.3 绝缘工器具不合格，作业时绝缘工器具表面泄漏电流过大

绝缘工器具应按定置要求分类摆放在防潮帆布上，绝缘工器具不能与金属工具、材料混放。检查个人绝缘防护用具、遮蔽用具无针孔、砂眼、裂纹等，绝缘手套必须做充气试验，试验合格证在有效期范围内。绝缘工具使用前应仔细检查确认没有损坏、受潮、变形、失灵，否则禁止使用。并用 2500V 及以上绝缘电阻表或绝缘检测仪进行分段绝缘检测（电极宽 2cm，极间宽 2cm），阻值不低于 700MΩ。

4.4 作业现场悬挂标志牌和装设围栏

在城区、人口密集区地段或交通道口和通行道路上施工时，应设置安全围栏，安全围栏的范围应考虑作业中高空坠落和高空落物的影响以及道路交通，必要时联系交通部门，围栏的出入口应设置合理。

4.5 作业时违反安规进行操作，可能引起高空坠落，物体打击伤人

带电作业时，工器具、材料应放在专用工具袋内，防止坠落。工器具、材料传递至工作合适位置应固定牢靠，不准随意摆放，避

免落物伤人。上下抛掷工器具、材料容易发生失手坠落等情况，所以应使用绝缘绳索拴牢后传递。

4.6 带电作业前后联系调度员

进行带电作业时，无论此次作业是否需要停用线路重合闸装置，作业前后都应该联系调度员，在线路发生异常情况时，调度员可以从保护人身安全角度出发，采用更为妥善的处理方案，避免线路强送电或试送电。在带电作业过程中，线路重合闸装置对带电作业人员的安全起到后备保护的作用。一是在带电作业点发生事故时，线路重合闸装置不启动，避免带电作业人员遭受二次电击的危害；二是非作业点发生故障时，有可能产生内部过电压，线路重合闸装置不启动，避免带电作业人员遭受内部过电压的危害。

4.7 作业前检查作业杆塔、导线等

带电作业前，应对作业点的杆塔、导线等进行外观检查。确认杆根、基础、拉线等是否牢固，严防杆塔倾倒，对作业人员造成严重伤害。确认导线、导线固结点等牢固，防止作业人员触电或损伤设备。

4.8 登高工具不合格及不规范使用登高工具

登杆前，要对登杆工具进行外观检查，如脚扣有裂纹、胶皮套磨漏、升降板有裂纹、绳子磨损严重等不能使用，以防意外发生。脚扣和升降板除了做外观检查外，试登第一步或第一板时，应有意识地进行人体重量的冲击试验。禁止携带材料等进行登杆或在杆上移位，防止材料等失落，砸伤地面人员或损坏材料。严禁利用绳索、拉线上下杆塔，防止绳索、拉线出现断裂情况导致作业人员坠落。

4.9 登高作业时，不按要求使用安全带

安全带是高处作业人员预防坠落伤亡的防护用品，应采用双

控、双保险的挂钩，以防挂钩脱落。双控背带式安全带配件应齐全。在高空作业中，为了提高安全保护系数，避免工作人员转位或发生意外时出现失去保护的情况，应使用有后备绳或速差自锁器的双控背带式安全带，为工作人员提供双重保护。

4.10 作业过程中引起导线断线

在操作绝缘举线器提升导线过程中，作业人员应均匀操作，时刻注意导线上升时受力点的变化，以免发生导线断线的危险。

4.11 安装绝缘举线器损伤设备

在安装绝缘举线器时，杆上电工两人同时配合安装，避免在安装过程中出现异常情况，损伤设备，发生事故。

5. 防范措施

5.1 有针对性地制定和完善组织措施、安全措施、技术措施；带电作业操作规程、现场标准化作业指导书、卡等要适用于实际作业现场，优化带电作业流程，提高工作效率，进而规范工作人员的作业行为。

5.2 在带电作业开始前，应对绝缘遮蔽用具进行外观检查及擦拭，对绝缘工具应进行绝缘电阻检测，对绝缘装备应进行预试操作。

5.3 加强工器具库房管理制度，库房保管员要对工器具出入库进行认真检查，发现存在异常的工器具应及时维修或报废，不得继续使用。

5.4 作业人员在带电作业过程中，使用的绝缘操作杆必须保持 0.7m 及以上的有效绝缘长度。

5.5 作业人员利用绝缘杆作业法进行带电作业时，人体与邻近带电体必须保持 0.4m 及以上的安全距离。不能满足安全距离时，应采取绝缘遮蔽隔离措施。

5.6 作业人员必须使用合格的绝缘工器具和安全防护用具，登杆前检查登高工具及安全带，并做冲击试验。作业人员登杆作业时，应使用带有后备保护绳的安全带，副安全带缠绕在杆身上，杆上作业人员进行转位时，不得失去安全带保护，以防止高空坠落。

5.7 带电作业决不允许不具备条件的人员担任工作负责人，他无能力制止作业中的错误操作和及早发现操作中的不安全动作。对工作负责人的选用必须严格遵守 Q/GDW 1799.2—2013 中各项有关规定，选择多年从事带电作业工作，有一定理论基础和丰富实际经验，且有一定的组织能力和对异常情况及事故处理能力的人员担任。

5.8 不论对谁都应坚持不懈的进行安全思想教育，由于主管生产领导、工作负责人、工作班成员的安全思想不牢固，对简单的常规带电作业项目，在思想上没有引起足够的重视，认为不会有异常情况发生，便进行现场作业造成事故。所以，无论是否是简单的现场作业，都应进行坚持不懈的安全思想教育，督促他们树立起牢固的“安全第一、预防为主、综合治理”的思想，以达到防患于未然。

案例五 折叠式绝缘斗臂车下臂碰触低压线路，导致绝缘斗臂车漏油

1. 事故简况

某供电公司带电作业班 4 人，利用绝缘斗臂车（绝缘斗臂车为折叠式，作业高度 21m）采用绝缘手套作业法，进行 10kV 带电接

支接线路三相引线作业。到达作业现场后，道路宽度为 5.5m，道路左侧 1.5m 为 10kV 作业线路，道路右侧 2.8m 为 0.4kV 线路（导线为 $50mm^2$ 裸铝导线），作业电杆高度为 10m，绝缘斗臂车司机为了方便，将绝缘斗臂车停在了靠近道路右侧方向。工作负责人甲得到调度命令后，宣读工作票，进行危险点分析，交代安全措施和技术措施，指派工作班成员乙为斗内电工，丙为专责监护人，丁为地面电工。工作班成员签字确认后，斗内电工乙穿戴全套个人绝缘防护用具，系好安全带，操作绝缘斗臂车进入工作位置。当绝缘斗达到作业高度时，回转绝缘斗臂车工作臂靠近作业位置时，绝缘斗臂车下臂（金属臂）碰触到正在运行的 0.4kV 线路，对金属臂内液压管放电，作业被迫中止。

2. 事故原因

2.1 直接原因

斗内电工乙操作绝缘斗臂车进行作业时，斗臂车下臂（金属臂）碰触到正在运行的 0.4kV 线路，对金属臂内液压管放电，是发生本次事故的直接原因。

2.2 主要原因

2.2.1 由于带电作业现场环境受限制，绝缘斗臂车司机为了方便，错误地将斗臂车停在道路靠近右侧，是发生事故的主要原因。

2.2.2 工作负责人指挥不利，作业现场环境复杂，没有将道路右侧正在运行的 0.4kV 线路进行停电或采取其他有效措施。

2.3 间接原因

工作负责人现场勘查不细致，在现场环境复杂的情况下，没有指挥将绝缘斗臂车停在正确的工位上；没有及时发现并制止斗内电工乙操作绝缘斗臂车时，下臂（金属臂）碰触正在运行的 0.4kV 线路的危险。

3. 违反相关规定

3.1 绝缘臂下节的金属部分，在仰起回转过程中，对带电体的距离不小于 0.9m 的规定。

3.2 作业人员应根据地形地貌，将绝缘斗臂车定位于最合适作业位置，要充分注意周边电信和高低压线路及其他障碍物，选定绝缘工作斗的升降、回转、上下路径，平稳地操作。

3.3 高架绝缘斗臂车应经试验合格。斗臂车操作人员应熟悉带电作业的有关规定和绝缘斗臂车的性能，并经专门培训，考试合格、持证上岗。

3.4 高架绝缘斗臂车的工作位置应选择适当，支撑应稳固可靠，并有防倾覆措施。使用前应在预定位置空斗试操作一次，确认液压转动、回转、升降、伸缩系统工作正常、操作灵活、转动装置可靠。

3.5 工作负责人应时刻掌握作业的进展情况，密切注视作业人员的动作，根据作业方案及作业步骤及时做出适当的指示，整个作业过程中不得对放松危险部位的监护工作。

3.6 工作负责人的安全责任：① 正确安全地组织工作；② 负责检查工作票所列安全措施是否正确完备，是否符合现场实际条件，必要时予以补充；③ 工作前对工作班成员进行危险点告知，交代安全措施和技术措施，并确认每一个工作班成员都已知晓；④ 严格执行工作票所列安全措施；⑤ 督促、监护工作班成员遵守《安规》、正确使用劳动防护用品和执行现场安全措施。

3.7 工作班成员的安全责任：① 熟悉工作内容、工作流程，掌握安全措施，明确工作中的危险点，并履行确认手续；② 严格遵守安全规章制度、技术规程和劳动纪律，对自己在工作中的行为负责，互相关心工作安全，并监督《安规》的执行和现场安全措施的实施；③ 正确使用安全工器具和劳动防护用品。

4. 危险点

4.1 带电作业时，安全距离不足引起触电

带电作业人员接触带电体时，与接地体应保持 0.4m 及以上安全距离，与邻相带电体保持 0.6m 及以上安全距离；带电作业人员接触接地体时，与带电体应保持 0.4m 及以上安全距离，安全距离不足时，做好绝缘遮蔽隔离措施。

4.2 气象条件不符合要求

带电作业应在良好的天气下进行，作业前须进行风速和湿度测量。风力大于 5 级，或湿度大于 80%时，不宜进行带电作业。若遇有雷电、雪、雹、雨、雾等不良天气，禁止带电作业。带电作业过程中若遇有天气突然变化，有可能危及人身及设备安全时，应立即停止工作，撤离人员，恢复设备正常状况，或采取临时安全措施。

4.3 绝缘工器具不合格，作业时绝缘工器具表面泄漏电流过大

绝缘工器具应按定置要求分类摆放在防潮帆布上，绝缘工器具不能与金属工具、材料混放。检查个人绝缘防护用具、遮蔽用具无针孔、砂眼、裂纹等，绝缘手套必须做充气试验，试验合格证在有效期范围内。绝缘工具使用前应仔细检查确认没有损坏、受潮、变形、失灵，否则禁止使用。并用 2500V 及以上绝缘电阻表或绝缘检测仪进行分段绝缘检测（电极宽 2cm，极间宽 2cm），阻值不低于 700MΩ。

4.4 作业现场悬挂标志牌和装设围栏

在城区、人口密集区地段或交通道口和通行道路上施工时，应设置安全围栏，安全围栏的范围应考虑作业中高空坠落和高空落物的影响以及道路交通，必要时联系交通部门，围栏的出入口应设置合理。

4.5 作业时违反安规进行操作，可能引起高空坠落，物体打击伤人

带电作业时，工器具、材料应放在专用工具袋内，防止坠落。工器具、材料传递至工作合适位置应固定牢靠，不准随意摆放，避免落物伤人。上下抛掷工器具、材料容易发生失手坠落等情况，所以应使用绝缘绳索拴牢后传递。

4.6 带电作业前后联系调度员

进行带电作业时，无论此次作业是否需要停用线路重合闸装置，作业前后都应该联系调度员，在线路发生异常情况时，调度员可以从保护人身安全角度出发，采用更为妥善的处理方案，避免线路强送电或试送电。在带电作业过程中，线路重合闸装置对带电作业人员的安全起到后备保护的作用。一是在带电作业点发生事故时，线路重合闸装置不启动，避免带电作业人员遭受二次电击的危害；二是非作业点发生故障时，有可能产生内部过电压，线路重合闸装置不启动，避免带电作业人员遭受内部过电压的危害。

4.7 作业前检查绝缘斗臂车

绝缘斗臂车工作位置应满足作业需求的位置，支撑点应稳固可靠，并有防倾覆措施。使用前，必须对各转动、升降和回转系统进行认真检查，确认其操作灵活、制动可靠，然后按照实际作业高度位置空斗试验，没有问题方可开始作业。

4.8 禁止带负荷接引线

带电断空载线路时，应确认线路的另一端断路器（开关）和隔离开关（刀闸）确已断开，接入线路侧的变压器、电压互感器确已退出运行后，方可进行。带电接空载线路引线时，作业人员应戴护目镜，并采取消弧措施。消弧工具的断流能力应与被断开的空载线路电压等级及电容电流相适应。在接引线时，应先接设备里侧，按照先繁琐，后简单的顺序进行接引线。

4.9 严防人体串入电路

禁止同时接触未接通的导线两个断头，以防人体串入电路；带电接引线时，未接通相的导线将因感应而带电，为防止电击，应采取措施后才能触及。

4.10 引线摆动造成触电

在带电接引线过程中，应采取防止引线摆动的措施，将引线牢固的绑扎在本相主导线上，或采取专用绝缘操作杆固定引线。

5. 防范措施

5.1 在作业现场环境复杂的情况下，必要时应增设监护人，监护的范围不超过一个作业点。

5.2 进行带电作业前，要进行现场勘查，根据勘查结果确定使用的绝缘斗臂车类型、所需工器具、人员以及安全注意事项等。

5.3 开展带电作业人员安全和业务技能培训，培训不流于形势，要有针对性，本着活学活用，干什么学什么的原则，侧重实践工作，具体落实到每一项工作中，以提高带电作业人员实际作业现场经验。在操作绝缘斗臂车进行带电作业时，不能有效地避开道路右侧正在运行0.4kV 线路时，应立即停止作业，将绝缘斗臂车调整在正确的工位上，或将 0.4kV 线路进行停电以及采取其他有效措施。

5.4 有针对性地制定和完善组织措施、安全措施、技术措施；带电作业操作规程、现场标准化作业指导书、卡等要适用于实际作业现场，优化带电作业流程，提高工作效率，进而规范工作人员的作业行为。

5.5 带电作业决不允许不具备条件的人员担任工作负责人，他无能力制止作业中的错误操作和及早发现操作中的不安全动作。对工作负责人的选用必须严格遵守 Q/GDW 1799.2—2013 中各项有关规定，选择多年从事带电作业工作，有一定理论基础和丰富实际经验，且有一定的组织能力和对异常情况及事故处理能力的人员担任。

5.6 不论对谁都应坚持不懈的进行安全思想教育，由于主管生产领导、工作负责人、工作班成员的安全思想不牢固，对简单的常规带电作业项目，在思想上没有引起足够的重视，认为不会有异常情况发生，便进行现场作业造成事故。所以，无论是否是简单的现场作业，都应进行坚持不懈的安全思想教育，督促他们树立起牢固的“安全第一、预防为主、综合治理”的思想，已达到防患于未然。

案例六　遮蔽工具冻硬，遮蔽不严，带电更换针式绝缘子时线路接地

1. 事故简况

某年 12 月 17 日 16:30，某供电公司带电作业班 4 人，利用绝缘斗臂车采用绝缘手套作业法，带电更换 10kV A 相针式绝缘子，线路

设置为水平排列，导线为裸导线。

工作负责人甲，出发前询问气象条件，实时气温-27℃，北风 4 级。到达作业现场后，工作负责人甲得到调度命令后，宣读工作票，进行危险点分析，交代安全措施和技术措施，指派工作班成员乙为斗内电工，丙为专责监护人、丁为地面电工，工作班成员签字确认后，地面电工将绝缘斗臂车的小吊臂安装好，乙穿戴全套个人绝缘防护用具，系好安全带，操作绝缘斗臂车进入工作位置。斗内电工乙先做绝缘遮蔽措施，用绝缘毯和导线遮蔽罩对临相导体和作业点附近的接地体进行绝缘遮蔽，此时绝缘毯冻的已经僵硬，勉强进行了遮蔽。斗内电工乙操作小吊臂使导线轻微受力后，开始拆除针式绝缘子绑扎线，在拆除绑扎线过程中，绑扎线对没有遮蔽严实的针式绝缘子柱放电，导致线路接地，幸好没有造成人员伤亡。

2. 事故原因

2.1 直接原因

斗内电工乙在拆除带电导线绑扎线过程中，绑扎线对没有遮蔽严实的针式绝缘子柱放电，是发生事故的直接原因。

2.2 主要原因

斗内电工乙在拆除针式绝缘子绑扎线过程中，已经拆除的绑扎线过长，没有边拆边剪或者盘成安全距离内的小圆盘，是发生事故的主要原因。

2.3 间接原因

2.3.1 带电作业工作负责人安全监护不到位。在作业过程中，对针式绝缘子柱遮蔽不严和拆除针式绝缘子绑扎线过长未能及时纠正。

2.3.2 采用带电作业遮蔽用具不正确，在-27℃的季节进行带电作业时，如果软质遮蔽用具冻得僵硬不方便作业，可以采取用硬质遮蔽用具进行带电作业。

3. 违反相关规定

3.1 作业时，作业区域带电导线、绝缘子、接地体等应采取相间、相对地的绝缘隔离措施。绝缘隔离措施的范围应比作业人员活动范围增加 0.4m 以上。

3.2 对作业范围内的带电导线、针式绝缘子、横担等均应进行采取绝缘遮蔽隔离措施。拆除针式绝缘子绑扎线时，应变拆边卷，绑扎线的展放长度不得大于 0.1m。

3.3 工作负责人应时刻掌握作业的紧张情况，密切注视作业人员的动作，根据作业方案及作业步骤及时作出适当的指示，整个作业过程中不得对放松危险部位的监护工作。

3.4 工作负责人的安全责任：① 正确安全地组织工作；② 负责检查工作票所列安全措施是否正确完备，是否符合现场实际条件，必要时予以补充；③ 工作前对工作班成员进行危险点告知，交代安全措施和技术措施，并确认每一个工作班成员都已知晓；④ 严格执行工作票所列安全措施；⑤ 督促、监护工作班成员遵守《安规》、正确使用劳动防护用品和执行现场安全措施。

3.5 工作班成员的安全责任：① 熟悉工作内容、工作流程，掌握安全措施，明确工作中的危险点，并履行确认手续；② 严格遵守安全规章制度、技术规程和劳动纪律，对自己在工作中的行为负责，互相关心工作安全，并监督《安规》的执行和现场安全措施的实施；③ 正确使用安全工器具和劳动防护用品。

4. 危险点

4.1 带电作业时，安全距离不足引起触电

带电作业人员接触带电体时，与接地体应保持 0.4m 及以上安全距离，与邻相带电体保持 0.6m 及以上安全距离；带电作业人员接触接地体时，与带电体应保持 0.4m 及以上安全距离，安全距离不足时，做好绝缘遮蔽隔离措施。

4.2 气象条件不符合要求

带电作业应在良好的天气下进行，作业前须进行风速和湿度测量。风力大于 5 级，或湿度大于 80%时，不宜进行带电作业。若遇有雷电、雪、雹、雨、雾等不良天气，禁止带电作业。带电作业过程中若遇有天气突然变化，有可能危及人身及设备安全时，应立即停止工作，撤离人员，恢复设备正常状况，或采取临时安全措施。

4.3 绝缘工器具不合格，作业时绝缘工器具表面泄漏电流过大

绝缘工器具应按定置要求分类摆放在防潮帆布上，绝缘工器具不能与金属工具、材料混放。检查个人绝缘防护用具、遮蔽用具无针孔、砂眼、裂纹等，绝缘手套必须做充气试验，试验合格证在有效期范围内。绝缘工具使用前应仔细检查确认没有损坏、受潮、变形、失灵，否则禁止使用。并用 2500V 及以上绝缘电阻表或绝缘检测仪进行分段绝缘检测（电极宽 2cm，极间宽 2cm），阻值不低于 700MΩ。

4.4 作业现场悬挂标志牌和装设围栏

在城区、人口密集区地段或交通道口和通行道路上施工时，应设置安全围栏，安全围栏的范围应考虑作业中高空坠落和高空落物的影响以及道路交通，必要时联系交通部门，围栏的出入口应设置合理。

4.5 作业时违反安规进行操作，可能引起高空坠落，物体打击伤人

带电作业时，工器具、材料应放在专用工具袋内，防止坠落。工器具、材料传递至工作合适位置应固定牢靠，不准随意摆放，避免落物伤人。上下抛掷工器具、材料容易发生失手坠落等情况，所以应使用绝缘绳索拴牢后传递。

4.6 带电作业前后联系调度员

进行带电作业时，无论此次作业是否需要停用线路重合闸装置，作业前后都应该联系调度员，在线路发生异常情况时，调度员可以从保护人身安全角度出发，采用更为妥善的处理方案，避免线路强送电或试送电。在带电作业过程中，线路重合闸装置对带电作业人员的安全起到后备保护的作用。一是在带电作业点发生事故时，线路重合闸装置不启动，避免带电作业人员遭受二次电击的危害；二是非作业点发生故障时，有可能产生内部过电压，线路重合闸装置不启动，避免带电作业人员遭受内部过电压的危害。

4.7 作业前检查作业杆塔、导线等

带电作业前，应对作业点的杆塔、导线等进行外观检查。确认杆根、基础、拉线等是否牢固，严防杆塔倾倒，对作业人员造成严重伤害。确认导线、导线固结点等牢固，防止作业人员触电或损伤设备。

4.8 寒冷季节带电作业发生危险

寒冷季节进行带电作业时，个人防护用具、遮蔽用具冻得僵硬，带电作业人员冻得手脚僵硬，影响了带电作业的安全质量。

4.9 作业过程中引起导线断线

在更换针式绝缘子提升导线时，斗内电工应缓慢操作小吊臂，时刻注意导线上升时受力点的变化，以免发生导线断线的危险。

5. 防范措施

5.1 在进行带电作业时，作业区域安全距离达不到 0.4m 时，应采取绝缘遮蔽隔离措施，采取的措施应密闭严实。

5.2 在拆针式绝缘子绑扎线时，与接地体必须保持 0.4m 以上的安全距离，安全距离不足，应采取绝缘遮蔽隔离措施，且采取的措施应密闭严实。拆除绑扎线应变拆边剪，或者将绑扎线盘成 0.1m 以下的圆圈，避免绑扎线过长碰触到接地体，发生事故。

5.3 根据不同区域，对带电作业高温、低温制定允许带电作业的标准。

5.4 在寒冷的季节进行常规带电作业时，如果软质遮蔽用具冻得僵硬不利于安全的情况下，考虑采取硬质遮蔽用具进行带电作业。

5.5 开展带电作业人员安全和业务技能培训，培训不流于形势，要有针对性，本着活学活用，干什么学什么的原则，侧重实践工作，具体落实到每一项工作中，在带电作业遮蔽过程中，不要有怕麻烦的心理，要建立越绝缘越安全的心理。

5.6 有针对性地制定和完善组织措施、安全措施、技术措施；带电作业操作规程、现场标准化作业指导书、卡等要适用于实际作业现场，优化带电作业流程，提高工作效率，进而规范工作人员的作业行为。

5.7 带电作业决不允许不具备条件的人员担任工作负责人，他无能力制止作业中的错误操作和及早发现操作中的不安全动作。对工作负责人的选用必须严格遵守 Q/GDW 1799.2—2013 中各项有关规定，选择多年从事带电作业工作，有一定理论基础和丰富实际经验，且有一定的组织能力和对异常情况及事故处理能力的人员担任。

5.8 不论对谁都应坚持不懈的进行安全思想教育，由于主管生产领导、工作负责人、工作班成员的安全思想不牢固，对简单的常规带电作业项目，在思想上没有引起足够的重视，认为不会有异常情况发生，便进行现场作业造成事故。所以，无论是否是简单的现场作业，都应进行坚持不懈的安全思想教育，督促他们树立起牢固的“安全第一、预防为主、综合治理”的思想，已达到防患于未然。

案例七 带电更换断路器时，绝缘斗臂车小吊臂绳索断线，砸伤地面电工

1. 事故简况

某供电公司带电作业班 5 人，利用 2 台绝缘斗臂车采用绝缘手套作业法，带电更换 10kV 线路联络（开关）断路器作业，线路设置为水平排列。断路器型号为：ZW32-12 型真空断路器。

到达作业现场后，工作负责人甲得到调度命令后，宣读工作票，进行危险点分析，交代安全措施和技术措施，乙、丙为斗内电工，丁、戊为地面电工。工作班成员签字确认后，地面电工将绝缘斗臂车的小吊臂安装在斗内电工乙的斗臂车上，乙、丙穿戴全套个人绝缘防护用具，进入各自绝缘斗臂车的工作斗内，系好安全带，分别操作绝缘斗臂车进入各自工作位置。斗内电工做好绝缘遮蔽措施后，相互配合分别拆除断路器上的引线并固定牢靠。斗内电工乙操作绝缘小吊臂起吊断路器，小吊臂轻微受力后，斗内电工丙拆除断路器底脚螺栓，斗内电工乙起吊断路器运往地面，在距离地面

1.5m 处，小吊臂绳索突然断裂，断路器下落砸在地面电工丙的脚面上，导致人身伤害事故。

2. 事故原因

2.1 直接原因

2.1.1 小吊臂绳索承载能力小于断路器的重量，导致在吊断路器时发生绳索突然断裂，是发生事故的主要原因。

2.1.2 地面电工丙错误的站在了断路器的垂直下方，导致断路器突然落地砸在脚上是发生事故的直接原因。

2.2 主要原因

工作负责人在使用小吊臂时，没有检查绳索是否完好，是否受过外力破坏，是否受过雨淋或者年久失去承载力等。

2.3 间接原因

2.3.1 小吊臂在吊断路器过程中，没有对断路器突然脱落采取后备保护措施。

2.3.2 绝缘斗臂车进行试验时，小吊臂机械试验是否合格。

3. 违反相关规定

3.1 带电作业工具使用前应根据工作负荷校核机械强度，并满足规定的安全系数。

3.2 带电作业工具应定期进行电气试验和机械试验：绝缘工具机械试验每年一次。

3.3 吊起的重物如需在空中停留较长时间或移动缓慢，应将重物绑扎牢固，并在重物上加设保险绳。

3.4 绝缘工器具使用前的外观检查包括绝缘部分有无裂纹、老化、绝缘层脱落、严重伤痕，固定连接部分有无松动、锈蚀、断裂等现象。

3.5 绝缘斗中的作业人员应正确使用绝缘工具。

3.6 在起吊、牵引过程中，起吊物的上下方、周围、吊臂和起吊物下面，禁止有人逗留和通过。

3.7 工作负责人的职责：① 正确安全地组织工作；② 负责检查工作票所列安全措施是否正确完备，是否符合现场实际条件，必要时应予以补充；③ 督促、监护工作班成员遵守《安规》、正确使用劳动防护用品和执行现场安全措施。

3.8 工作负责人应时刻掌握作业的进展情况，密切注视作业人员的动作，根据作业方案及作业步骤及时做出适当的指示，整个作业过程中不得放松对危险部位的监护工作。

4. 风险点

4.1 带电作业时，安全距离不足引起触电

带电作业人员接触带电体时，与接地体应保持 0.4m 及以上安全距离，与邻相带电体保持 0.6m 及以上安全距离；带电作业人员接触接地体时，与带电体应保持 0.4m 及以上安全距离，安全距离不足时，做好绝缘遮蔽隔离措施。

4.2 气象条件不符合要求

带电作业应在良好的天气下进行，作业前须进行风速和湿度测量。风力大于 5 级，或湿度大于 80%时，不宜进行带电作业。若遇有雷电、雪、雹、雨、雾等不良天气，禁止带电作业。带电作业过程中若遇有天气突然变化，有可能危及人身及设备安全时，应立即停止工作，撤离人员，恢复设备正常状况，或采取临时安全措施。

4.3 绝缘工器具不合格，作业时绝缘工器具表面泄漏电流过大

绝缘工器具应按定置要求分类摆放在防潮帆布上，绝缘工器具不能与金属工具、材料混放。检查个人绝缘防护用具、遮蔽用具无针孔、砂眼、裂纹等，绝缘手套必须做充气试验，试验合格证在有效期范围内。绝缘工具使用前应仔细检查确认没有损坏、受潮、变形、失灵，否则禁止使用。并用 2500V 及以上绝缘电阻表或绝缘检测仪进行分段绝缘检测（电极宽 2cm，极间宽 2cm），阻值不低于 700MΩ。

4.4 作业现场悬挂标志牌和装设围栏

在城区、人口密集区地段或交通道口和通行道路上施工时，应设置安全围栏，安全围栏的范围应考虑作业中高空坠落和高空落物的影响以及道路交通，必要时联系交通部门，围栏的出入口应设置合理。

4.5 作业时违反安规进行操作，可能引起高空坠落，物体打击伤人

带电作业时，工器具、材料应放在专用工具袋内，防止坠落。工器具、材料传递至工作合适位置应固定牢靠，不准随意摆放，避免落物伤人。上下抛掷工器具、材料容易发生失手坠落等情况，所以应使用绝缘绳索拴牢后传递。

4.6 带电作业前后联系调度员

进行带电作业时，无论此次作业是否需要停用线路重合闸装置，作业前后都应该联系调度员，在线路发生异常情况时，调度员可以从保护人身安全角度出发，采用更为妥善的处理方案，避免线路强送电或试送电。在带电作业过程中，线路重合闸装置对带电作业人员的安全起到后备保护的作用。一是在带电作业点发生事故时，线路重合闸装置不启动，避免带电作业人员遭受二次电击的危

害；二是非作业点发生故障时，有可能产生内部过电压，线路重合闸装置不启动，避免带电作业人员遭受内部过电压的危害。

4.7 作业前检查作业杆塔、导线等

带电作业前，应对作业点的杆塔、导线等进行外观检查。确认杆根、基础、拉线等是否牢固，严防杆塔倾倒，对作业人员造成严重伤害。确认导线、导线固结点等牢固，防止作业人员触电或损伤设备。

4.8 起重工具超负荷作业

起重设备、吊绳具和其他起重工具的工作负荷，不准超负荷作业。起重工作由专人指挥，明确分工；起重指挥信号应简明、统一、畅通。作业前应进行安全技术交底，使全体人员熟悉起重方案和安全措施。

4.9 绝缘臂和起吊物的周围、下方不准人员逗留通过

带电作业过程中，工作负责人、地面电工禁止站在绝缘臂垂直下方，禁止在起吊物、作业点附近停留或通过。在起吊物接近地面时，才能靠近。

5. 防范措施

5.1 在使用小吊臂绳索起吊断路器时，首先应判定小吊臂及绳索荷载能力是否满足断路器的重量，不能用经验去判定。

5.2 小吊臂绳索在使用前，必须对小吊臂绳索进行外观检查，确认是否良好，是否有过雨淋或者外力破坏等情况。

5.3 在带电更换柱上断路器时，利用小吊臂吊断路器时，必须对断路器采取防止脱落的措施。

5.4 作业现场设置安全围栏，但工作负责人与地面电工也要禁止站在绝缘臂、作业点和起吊断路器的周围和下方。

5.5 带电作业决不允许不具备条件的人员担任工作负责人，他无能力制止作业中的错误操作和及早发现操作中的不安全动作。对工作负责人的选用必须严格遵守 Q/GDW 1799.2—2013 中各项有关规定，选择多年从事带电作业工作，有一定理论基础和丰富实际经验，且有一定的组织能力和对异常情况及事故处理能力的人员担任。

5.6 不论对谁都应坚持不懈的进行安全思想教育，由于主管生产领导、工作负责人、工作班成员的安全思想不牢固，对简单的常规带电作业项目，在思想上没有引起足够的重视，认为不会有异常情况发生，便进行现场作业造成事故。所以，无论是否是简单的现场作业，都应进行坚持不懈的安全思想教育，督促他们树立起牢固的“安全第一、预防为主、综合治理”的思想，以达到防患于未然。

案例八　带电断分支线路引线时，工具使用不当，线路接地

1. 事故简况

某供电公司带电作业班 4 人，利用绝缘斗臂车采用绝缘手套作业法，进行 10kV 带电断分支线路引线作业，线路设置为水平排列。

到达作业现场后，工作负责人甲得到调度命令后，宣读工作票，进行危险点分析，交代安全措施和技术措施，指派工作班成员乙为斗内电工,、丙为专责监护人、丁为地面电工。工作班成员签字确认后，斗内电工乙穿戴全套个人绝缘防护用具，进入绝缘斗臂车的工作斗内系好安全带，操作绝缘斗臂车进入工作位置。斗内电工乙简单做了绝缘遮蔽措施后，准备切断导线时，与地面电工丁传递

专用断线剪时，发现专用断线剪未带，随即用铁臂断线剪进行断线。当进行 B 相引线断引时，不慎断线剪铁臂碰触横担，导致线路接地事故。

2. 事故原因

2.1 直接原因

2.1.1 斗内电工乙未按规定使用绝缘工具，而使用了铁臂断线剪进行作业，是发生事故的直接原因。

2.1.2 斗内电工乙在使用铁臂断线剪切断导线时，此时铁臂断线剪已经与带电导线是同一电压，斗内电工乙没有对带电体附近的接地体设置绝缘遮蔽隔离措施。

2.2 主要原因

2.2.1 工作负责人现场监护不到位，没有及时制止使用铁臂断线剪这一严重违章现象，没有及时制止斗内电工乙在接触带电体时与接地体保持 0.4m 及以上的规定。

2.2.2 地面电工丁错误的将铁臂断线剪传至斗内电工乙，发现没有带专用断线剪，没有及时向工作负责人汇报。

2.3 间接原因

工器具库房记录流于形式，没有发现未带专用断线剪。

3. 违反相关规定

3.1 绝缘斗中的作业人员应正确使用绝缘工具。

3.2 带电作业时，作业区域带电导线、绝缘子等应采取相间、相对地的绝缘隔离措施。绝缘隔离措施的范围应比带电作业人员活动范围增加 0.4m 以上。

3.3　工作负责人的职责：① 正确安全地组织工作；② 负责检查工作票所列安全措施是否正确完备，是否符合现场实际条件，必要时应予以补充；③ 督促、监护工作班成员遵守《安规》、正确使用劳动防护用品和执行现场安全措施；④ 严格执行工作票所列安全措施。

3.4　工作负责人应时刻掌握作业的进展情况，密切注视作业人员的动作，根据作业方案及作业步骤及时做出适当的指示，整个作业过程中不得放松对危险部位的监护工作。

3.5　工作班成员的职责：① 熟悉工作内容、工作流程，掌握安全措施，明确工作中的危险点，并履行确认手续；② 严格遵守安全规章制度、技术规程和劳动纪律，对自已在工作中的行为负责，互相关心工作安全，并监督《安规》的执行和现场安全措施的实施；③ 作业人员正确使用安全工器具和劳动防护用品。

3.6　带电作业前应根据作业项目，作业场所的需求，按数配足绝缘防护用具、遮蔽用具、操作工具、承载工具等，并检查是否完好和齐全。

4. 风险点

4.1　带电作业时，安全距离不足引起触电

带电作业人员接触带电体时，与接地体应保持 0.4m 及以上安全距离，与邻相带电体保持 0.6m 及以上安全距离；带电作业人员接触接地体时，与带电体应保持 0.4m 及以上安全距离，安全距离不足时，做好绝缘遮蔽隔离措施。

4.2　气象条件不符合要求

带电作业应在良好的天气下进行，作业前须进行风速和湿度测量。风力大于 5 级，或湿度大于 80%时，不宜进行带电作业。若遇

有雷电、雪、雹、雨、雾等不良天气，禁止带电作业。带电作业过程中若遇有天气突然变化，有可能危及人身及设备安全时，应立即停止工作，撤离人员，恢复设备正常状况，或采取临时安全措施。

4.3 绝缘工器具不合格，作业时绝缘工器具表面泄漏电流过大

绝缘工器具应按定置要求分类摆放在防潮帆布上，绝缘工器具不能与金属工具、材料混放。检查个人绝缘防护用具、遮蔽用具无针孔、砂眼、裂纹等，绝缘手套必须做充气试验，试验合格证在有效期范围内。绝缘工具使用前应仔细检查确认没有损坏、受潮、变形、失灵，否则禁止使用。并用 2500V 及以上绝缘电阻表或绝缘检测仪进行分段绝缘检测（电极宽 2cm，极间宽 2cm），阻值不低于 700MΩ。

4.4 作业现场悬挂标志牌和装设围栏

在城区、人口密集区地段或交通道口和通行道路上施工时，应设置安全围栏，安全围栏的范围应考虑作业中高空坠落和高空落物的影响以及道路交通，必要时联系交通部门，围栏的出入口应设置合理。

4.5 作业时违反安规进行操作，可能引起高空坠落，物体打击伤人

带电作业时，工器具、材料应放在专用工具袋内，防止坠落。工器具、材料传递至工作合适位置应固定牢靠，不准随意摆放，避免落物伤人。上下抛掷工器具、材料容易发生失手坠落等情况，所以应使用绝缘绳索拴牢后传递。

4.6 带电作业前后联系调度员

进行带电作业时，无论此次作业是否需要停用线路重合闸装置，作业前后都应该联系调度员，在线路发生异常情况时，调度员可以从保护人身安全角度出发，采用更为妥善的处理方案，避免线

路强送电或试送电。在带电作业过程中，线路重合闸装置对带电作业人员的安全起到后备保护的作用。一是在带电作业点发生事故时，线路重合闸装置不启动，避免带电作业人员遭受二次电击的危害；二是非作业点发生故障时，有可能产生内部过电压，线路重合闸装置不启动，避免带电作业人员遭受内部过电压的危害。

4.7 作业前检查作业杆塔、导线等

带电作业前，应对作业点的杆塔、导线等进行外观检查。确认杆根、基础、拉线等是否牢固，严防杆塔倾倒，对作业人员造成严重伤害。确认导线、导线固结点等牢固，防止作业人员触电或损伤设备。

4.8 带电作业使用金属工具，导致安全距离不足

带电作业必须使用绝缘工具，其金属部分不宜超过0.1m，由于配电设备布置密集，相间、相对地距离比较小，如金属部分较长，导致安全距离不足或设置好的遮蔽用具作为主绝缘而引发事故。

5. 防范措施

5.1 带电作业必须使用合格的绝缘工具，带电作业工具在作业过程中要直接接触带电体，只有绝缘工具才具有良好的电气绝缘性能，而金属工具不具备电气绝缘性能，使用时有可能引发触电危害。所以进行带电作业时杜绝使用金属工具。

5.2 严格执行工器具出入库使用记录，工器具出入库记录是对工具是否合格的一种检验，也是根据实际带电作业现场的需要，提出的工具种类和数量，所以应严格执行工器具出入库使用记录。

5.3 工作班成员相互关心工作安全，工作班成员是整个检修的主体，负责完成具体任务。明确危险点，正确使用安全用具和劳动保护用具，不得擅自使用不合格的用具，对于违章现象坚决制止，以保证作业安全顺利地完成。

5.4 带电作业决不允许不具备条件的人员担任工作负责人，他无能力制止作业中的错误操作和及早发现操作中的不安全动作。对工作负责人的选用必须严格遵守 Q/GDW 1799.2—2013 中各项有关规定，选择多年从事带电作业工作，有一定理论基础和丰富实际经验，且有一定的组织能力和对异常情况及事故处理能力的人员担任。

5.5 不论对谁都应坚持不懈的进行安全思想教育，由于主管生产领导、工作负责人、工作班成员的安全思想不牢固，对简单的常规带电作业项目，在思想上没有引起足够的重视，认为不会有异常情况发生，便进行现场作业造成事故。所以，无论是否是简单的现场作业，都应进行坚持不懈的安全思想教育，督促他们树立起牢固的“安全第一、预防为主、综合治理”的思想，以达到防患于未然。

案例九　绝缘杆作业法接分歧杆引线时，发生人身触电重伤事故

1. 事故简况

某供电公司带电作业班 4 人，利用绝缘杆作业法，进行 10kV 带电接分支线路引线作业，线路设置为水平排列。

到达作业现场后，工作负责人甲得到调度命令后，宣读工作票，进行危险点分析，交代安全措施和技术措施。指派工作班成员

乙、丙为杆上电工，丁为地面电工。工作班成员签字确认后，杆上电工乙、丙电工未穿戴个人绝缘防护用具，分别登杆至适当位置系好安全带，挂好传递绳，地面电工丁通过传递绳将绝缘锁杆和绝缘绕线器分别传至杆上。杆上电工丙将绝缘绕线器挂在主导线上，杆上电工乙用绝缘锁杆锁住分支线准备插入绝缘绕线器，此时杆上电工乙注意力全部集中在绝缘绕线器上，其手部超过绝缘锁杆的限位警戒线，左手触及分支线（此时分支线已经带电），杆上电工乙发生触电事故，立即送往医院抢救，所幸脱离生命危险，左臂截肢造成重伤事故。

2. 事故原因

2.1 直接原因

2.1.1 杆上电工乙、丙未穿戴全套个人防护用具，作业站位较高，杆上电工乙碰触到带电分支线路，是发生事故的直接原因。

2.1.2 杆上电工乙处于地电位时，没有对附近带电体设置绝缘遮蔽隔离措施。

2.2 主要原因

2.2.1 绝缘锁杆和绝缘缠绕器选择不当，绝缘杆件较短，导致作业人员站位较高。

2.2.2 工作负责人甲现场安全监护不到位，没有及时制止杆上电工乙、丙没有穿戴个人全套防护用具的严重违章现象，没有及时制止杆上电工乙站位较高和距离带电分支线路较近的危险点。

2.3 间接原因

带电作业现场勘查流于形式，没有认真分析工作中的危险点，没有意识到分支线路在带电接引后会带电，作业人员与分支线路不能保持足够的安全距离。

3. 违反相关规定

3.1 在杆上作业人员伸展身体各部位有可能同时触及不同电位（带电体和接地体）的设备时，作业人员应对带电体进行绝缘遮蔽，并穿戴全套个人绝缘防护用具。

3.2 绝缘杆作业法是指作业人员与带电体保持规定的安全距离，通过绝缘工具进行的作业方式。

3.3 带电作业现场必须进行现场勘查，根据勘查结果做出能否进行作业的判断，并确定作业方法，以及应采取的安全措施和使用的工器具。

3.4 工作负责人的职责：① 正确安全地组织工作；② 负责检查工作票所列安全措施是否正确完备，是否符合现场实际条件，必要时应予以补充；③ 督促、监护工作班成员遵守《安规》、正确使用劳动防护用品和执行现场安全措施；④ 严格执行工作票所列安全措施。

3.5 工作负责人应时刻掌握作业的进展情况，密切注视作业人员的动作，根据作业方案及作业步骤及时做出适当的指示，整个作业过程中不得放松对危险部位的监护工作。

3.6 工作班成员的职责：① 熟悉工作内容、工作流程，掌握安全措施，明确工作中的危险点，并履行确认手续；② 严格遵守安全规章制度、技术规程和劳动纪律，对自己在工作中的行为负责，互相关心工作安全，并监督《安规》的执行和现场安全措施的实施；③ 作业人员正确使用安全工器具和劳动防护用品。

3.7 带电作业前应根据作业项目，作业场所的需求，按数配足绝缘防护用具、遮蔽用具、操作工具、承载工具等，并检查是否完好和齐全。

4. 危险点

4.1 带电作业时，安全距离不足引起触电

带电作业人员接触带电体时，与接地体应保持 0.4m 及以上安全距离，与邻相带电体保持 0.6m 及以上安全距离；带电作业人员接触接地体时，与带电体应保持 0.4m 及以上安全距离，安全距离不足时，做好绝缘遮蔽隔离措施。

4.2 气象条件不符合要求

带电作业应在良好的天气下进行，作业前须进行风速和湿度测量。风力大于 5 级，或湿度大于 80%时，不宜进行带电作业。若遇有雷电、雪、雹、雨、雾等不良天气，禁止带电作业。带电作业过程中若遇有天气突然变化，有可能危及人身及设备安全时，应立即停止工作，撤离人员，恢复设备正常状况，或采取临时安全措施。

4.3 绝缘工器具不合格，作业时绝缘工器具表面泄漏电流过大

绝缘工器具应按定置要求分类摆放在防潮帆布上，绝缘工器具不能与金属工具、材料混放。检查个人绝缘防护用具、遮蔽用具无针孔、砂眼、裂纹等，绝缘手套必须做充气试验，试验合格证在有效期范围内。绝缘工具使用前应仔细检查确认没有损坏、受潮、变形、失灵，否则禁止使用。并用 2500V 及以上绝缘电阻表或绝缘检测仪进行分段绝缘检测（电极宽 2cm，极间宽 2cm），阻值不低于 700MΩ。

4.4 作业现场悬挂标志牌和装设围栏

在城区、人口密集区地段或交通道口和通行道路上施工时，应设置安全围栏，安全围栏的范围应考虑作业中高空坠落和高空落物的影响以及道路交通，必要时联系交通部门，围栏的出入口

应设置合理。

4.5　作业时违反安规进行操作，可能引起高空坠落，物体打击伤人

带电作业时，工器具、材料应放在专用工具袋内，防止坠落。工器具、材料传递至工作合适位置应固定牢靠，不准随意摆放，避免落物伤人。上下抛掷工器具、材料容易发生失手坠落等情况，所以应使用绝缘绳索拴牢后传递。

4.6　带电作业前后联系调度员

进行带电作业时，无论此次作业是否需要停用线路重合闸装置，作业前后都应该联系调度员，在线路发生异常情况时，调度员可以从保护人身安全角度出发，采用更为妥善的处理方案，避免线路强送电或试送电。在带电作业过程中，线路重合闸装置对带电作业人员的安全起到后备保护的作用。一是在带电作业点发生事故时，线路重合闸装置不启动，避免带电作业人员遭受二次电击的危害；二是非作业点发生故障时，有可能产生内部过电压，线路重合闸装置不启动，避免带电作业人员遭受内部过电压的危害。

4.7　作业前检查作业杆塔、导线等

带电作业前，应对作业点的杆塔、导线等进行外观检查。确认杆根、基础、拉线等是否牢固，严防杆塔倾倒，对作业人员造成严重伤害。确认导线、导线固结点等牢固，防止作业人员触电或损伤设备。

4.8　严格执行现场勘查制度

在进行带电作业前，无论工作量大小、复杂程度等，因为受作业现场环境、工作量等的影响，会因为安全措施不到位，工器具不齐全等情况强行作业而发生人身或设备事故，因此必须进行现场勘查。

5. 防范措施

5.1 带电作业人员必须穿戴全套个人绝缘防护用具，在带电作业时，作业人员发生意外短暂碰触不同电位时，即擦过接触时，起绝缘遮蔽或隔离的保护作用。

5.2 作业人员接触接地体时，必须与带电体保持 0.4m 及以上安全距离，距离不满足时，应采取绝缘遮蔽隔离措施。

5.3 加强现场勘查力度，根据勘查结果，确定作业方案和所需要的工器具。工器具应严格执行工器具出入库记录，避免工器具拿错种类。

5.4 工作班成员相互关心工作安全，工作班成员是整个检修的主体，负责完成具体任务。明确危险点，正确使用安全用具和劳动保护用具，不得擅自使用不合格的用具，对于违章现象坚决制止，以保证作业安全顺利地完成。

5.5 带电作业决不允许不具备条件的人员担任工作负责人，他无能力制止作业中的错误操作和及早发现操作中的不安全动作。对工作负责人的选用必须严格遵守 Q/GDW 1799.2—2013 中各项有关规定，选择多年从事带电作业工作，有一定理论基础和丰富实际经验，且有一定的组织能力和对异常情况及事故处理能力的人员担任。

5.6 不论对谁都应坚持不懈的进行安全思想教育，由于主管生产领导、工作负责人、工作班成员的安全思想不牢固，对简单的常规带电作业项目，在思想上没有引起足够的重视，认为不会有异常情况发生，便进行现场作业造成事故。所以，无论是否是简单的现场作业，都应进行坚持不懈的安全思想教育，督促他们树立起牢固的“安全第一、预防为主、综合治理”的思想，以达到防患于未然。

案例十　绝缘斗臂车金属臂碰触跌落式熔断器，发生短路事故

1. 事故简况

某供电公司带电作业班 4 人，利用绝缘斗臂车采用绝缘手套作业法，进行 10kV 带电更换变压器台（H 型）杆 B、C 相导线针式绝缘子作业，线路设置为水平排列，C 相针式绝缘子处于变压器台的副杆（引下线杆），B 相针式绝缘子处于另一电杆。

到达作业现场后，工作负责人甲得到调度命令后，宣读工作票，进行危险点分析，交代安全措施和技术措施，指派工作班成员乙为斗内电工，丙和丁为地面电工。工作班成员签字确认后，斗内电工乙穿戴全套个人绝缘防护用具，进入绝缘斗臂车的工作斗内系好安全带，操作绝缘斗臂车进入工作位置。斗内电工做好绝缘遮蔽措施后，带电更换 10kV 直线杆针式绝缘子 B 相工作结束后，斗内电工乙操作绝缘斗臂车，准备进入更换 C 相针式绝缘子的作业位置，由于注意力全部集中在作业点，忘记下面有变台跌落式熔断器，绝缘斗臂车的铁臂逐渐靠近带电的变台跌落式熔断器。此时工作负责人发现并呼喊斗内电工乙进行制止，但为时已晚，绝缘斗臂车的铁臂触碰 A 相变台跌落式熔断器，发生事故。

2. 事故原因

2.1 直接原因

2.1.1 斗内电工乙操作绝缘斗臂车时，金属臂碰触到带电的A相跌落式熔断器，是发生事故的直接原因。

2.1.2 工作班成员带电作业经验缺乏，斗臂车位置选择不当。

2.2 主要原因

2.2.1 工作负责人甲现场安全监护不到位，没有发现绝缘斗臂车停放不当，对绝缘斗臂车的作业范围没有提前预判。

2.3 间接原因

2.3.1 现场勘查不到位，没有明确带电部位。

2.3.2 绝缘斗臂车在作业前空斗试操作不充分，没有到达预定作业位置。

3. 违反相关规定

3.1 带电作业人员应根据地形地貌，将绝缘斗臂车定位于最合适作业位置，绝缘斗臂车应良好接地，要充分注意周边电信和高低压线路及其他障碍物，选定绝缘斗的升降回转路径，平稳操作。

3.2 绝缘斗臂车在使用前应空斗试操作一次，试操作应充分，绝缘斗应到达作业点附近，确定液压转动、回转、伸缩、升降系统工作正常，操作灵活，制动装置可靠。

3.3 绝缘斗臂车的臂上金属部分在仰起、回转过程中，与带电体间的安全距离不得小于1m。

3.4 带电作业现场必须进行现场勘查，根据勘查结果做出能否进行作业的判断，并确定作业方法，以及绝缘斗臂车的停放位置。

3.5 工作负责人的职责：① 正确安全地组织工作；② 负责检查工作票所列安全措施是否正确完备，是否符合现场实际条件，必要时应予以补充；③ 督促、监护工作班成员遵守《安规》、正确使用劳动防护用品和执行现场安全措施；④ 严格执行工作票所列安全措施。

3.6 工作负责人应时刻掌握作业的进展情况，密切注视作业人员的动作，根据作业方案及作业步骤及时做出适当的指示，整个作业过程中不得放松对危险部位的监护工作。

3.7 工作班成员的职责：① 熟悉工作内容、工作流程，掌握安全措施，明确工作中的危险点，并履行确认手续；② 严格遵守安全规章制度、技术规程和劳动纪律，对自己在工作中的行为负责，互相关心工作安全，并监督《安规》的执行和现场安全措施的实施；③ 作业人员正确使用安全工器具和劳动防护用品。

4. 危险点

4.1 带电作业时，安全距离不足引起触电

带电作业人员接触带电体时，与接地体应保持 0.4m 及以上安全距离，与邻相带电体保持 0.6m 及以上安全距离；带电作业人员接触接地体时，与带电体应保持 0.4m 及以上安全距离，安全距离不足时，做好绝缘遮蔽隔离措施。

4.2 气象条件不符合要求

带电作业应在良好的天气下进行，作业前须进行风速和湿度测量。风力大于 5 级，或湿度大于 80%时，不宜进行带电作业。若遇有雷电、雪、雹、雨、雾等不良天气，禁止带电作业。带电作业过程中若遇有天气突然变化，有可能危及人身及设备安全时，应立即停止工作，撤离人员，恢复设备正常状况，或采取临时安全措施。

4.3 绝缘工器具不合格，作业时绝缘工器具表面泄漏电流过大

绝缘工器具应按定置要求分类摆放在防潮帆布上，绝缘工器具不能与金属工具、材料混放。检查个人绝缘防护用具、遮蔽用具无针孔、砂眼、裂纹等，绝缘手套必须做充气试验，试验合格证在有效期范围内。绝缘工具使用前应仔细检查确认没有损坏、受潮、变形、失灵，否则禁止使用。并用 2500V 及以上绝缘电阻表或绝缘检测仪进行分段绝缘检测（电极宽 2cm，极间宽 2cm），阻值不低于 700MΩ。

4.4 作业现场悬挂标志牌和装设围栏

在城区、人口密集区地段或交通道口和通行道路上施工时，应设置安全围栏，安全围栏的范围应考虑作业中高空坠落和高空落物的影响以及道路交通，必要时联系交通部门，围栏的出入口应设置合理。

4.5 作业时违反安规进行操作，可能引起高空坠落，物体打击伤人

带电作业时，工器具、材料应放在专用工具袋内，防止坠落。工器具、材料传递至工作合适位置应固定牢靠，不准随意摆放，避免落物伤人。上下抛掷工器具、材料容易发生失手坠落等情况，所以应使用绝缘绳索拴牢后传递。

4.6 带电作业前后联系调度员

进行带电作业时，无论此次作业是否需要停用线路重合闸装置，作业前后都应该联系调度员，在线路发生异常情况时，调度员可以从保护人身安全角度出发，采用更为妥善的处理方案，避免线路强送电或试送电。在带电作业过程中，线路重合闸装置对带电作业人员的安全起到后备保护的作用。一是在带电作业点发生事故时，线路重合闸装置不启动，避免带电作业人员遭受二次电击的危

害；二是非作业点发生故障时，有可能产生内部过电压，线路重合闸装置不启动，避免带电作业人员遭受内部过电压的危害。

4.7 作业前检查作业杆塔、导线等

带电作业前，应对作业点的杆塔、导线等进行外观检查。确认杆根、基础、拉线等是否牢固，严防杆塔倾倒，对作业人员造成严重伤害。确认导线、导线固结点等牢固，防止作业人员触电或损伤设备。

4.8 严格执行现场勘查制度

在进行带电作业前，无论工作量大小、复杂程度等，因为受作业现场环境、工作量等的影响，会因为安全措施不到位、带电部位没有明确等情况，强行作业而发生人身或设备事故，因此必须进行现场勘查。

4.9 绝缘斗臂车停放位置合适

根据现场实际情况，将绝缘斗臂车停放在最适于作业的位置，在作业过程中，还有对绝缘斗的作业路线要有预判。如作业点多，在作业过程中可以间断作业，调整绝缘斗臂车至最佳位置，不要强行作业。

5. 防范措施

5.1 严格执行规程规定的要求，在带电作业中，绝缘斗臂车的金属臂应与带电体保持 0.9m 以上安全距离。

5.2 带电作业时，不要怕麻烦，根据作业点合理停放绝缘斗臂车。

5.3 提高现场勘查质量，明确带电部位，确定绝缘斗臂车作业路线和停放位置。

5.4 提高全员安全意识，针对作业点，确定绝缘斗臂车运动路线，要有提前预判的意识。

5.5　带电作业决不允许不具备条件的人员担任工作负责人，他无能力制止作业中的错误操作和及早发现操作中的不安全动作。对工作负责人的选用必须严格遵守 Q/GDW 1799.2—2013 中各项有关规定，选择多年从事带电作业工作，有一定理论基础和丰富实际经验，且有一定的组织能力和对异常情况及事故处理能力的人员担任。

5.6　不论对谁都应坚持不懈的进行安全思想教育，由于主管生产领导、工作负责人、工作班成员的安全思想不牢固，对简单的常规带电作业项目，在思想上没有引起足够的重视，认为不会有异常情况发生，便进行现场作业造成事故。所以，无论是否是简单的现场作业，都应进行坚持不懈的安全思想教育，督促他们树立起牢固的“安全第一、预防为主、综合治理”的思想，以达到防患于未然。

第四部分　作业现场环境因素

本部分主要搜集归类作业现场环境因素案例，并进行了针对性综合分析，分别从设备设施方面、自然天气状况方面、地质环境方面等结合每起事故案例进行细致分析，主要存在现场勘查不全面，安全距离不足；天气突变，采取安全措施不当；没有正确使用登杆工具，作业位置不当；没有了解导线直径与受力等相关信息；没有了解导线受伤程度等相关信息；未了解车辆停靠位置为新修排水管线，地面松软；短接柱上断路器，未锁死跳闸机构；不了解引下线与导线接点运行状况；不了解设备运行及损伤状况等问题，并对这些问题进行了阐述。

案例一 现场勘查不全面，造成相间短路

1. 事故简况

某供电公司带电作业班 4 人，利用绝缘斗臂车采用绝缘手套作业法，进行 10kV 带电带负荷更换分支线路 B 相跌落式熔断器作业，线路设置为三角排列。到达作业现场后，工作负责人甲得到调度命令后，宣读工作票，进行危险点分析，交代安全措施和技术措施，指派工作班成员乙为斗内电工，丙为专责监护人，丁为地面电工。工作班成员签字确认后，斗内电工乙穿戴全套个人绝缘防护用具，系好安全带，操作绝缘斗臂车进入工作位置。斗内电工乙首先利用绝缘引流线对中相跌落式熔断器进行了短接，然后使用操作杆拉开待更换 B 相跌落式熔断器的熔丝管，此时，B 相跌落式熔丝管下触头对 A 相熔断器上引线放电，造成相间短路，保护跳闸。由于乙距离较远，未造成严重伤害。

2. 事故原因

2.1 直接原因

2.1.1 斗内电工乙带电作业经验不丰富，没有想到 B 相跌落式熔丝管拉开后与 A 相跌落式熔丝管上引线安全距离不足的危险，是发生事故的直接原因。

2.1.2 进行带负荷更换跌落式熔断器时，拉开 B 相跌落式熔丝管后，熔丝管的动触头仍然带电，对安全距离不足的 A 相跌落式熔断器上引线没有采取绝缘遮蔽隔离措施。

2.2 主要原因

工作负责人现场监护不到位，没有及时发现B相跌落式熔断器熔丝管拉开后与A相跌落式熔断器上引线安全距离不够的危险，没有及时制止斗内电工乙停止拉开B相跌落式熔断器熔丝管。

2.3 间接原因

2.3.1 现场勘查不全面，没有勘查到三相跌落式的安全距离存在危险。

2.3.2 标准化作业指导书和工作票所列安全措施没有针对性。

3. 违反相关规定

3.1 带电作业时，作业区域的带电导线、绝缘子等应采取相间、相对地的绝缘遮蔽隔离措施。

3.2 更换跌落式熔断器时，三相跌落式熔断器之间必须放置绝缘遮蔽隔离设施，三相引线、构架、横担处均应进行绝缘遮蔽。

3.3 带电作业现场必须进行现场勘查，根据勘查结果做出能否进行作业的判断，并确定作业方法和所需工具以及应采取的安全措施。

3.4 工作负责人的安全职责：① 正确安全地组织工作；② 负责检查工作票所列安全措施是否正确完备，是否符合现场实际条件，必要时应予以补充；③ 督促、监护工作班成员遵守《安规》、正确使用劳动防护用品和执行现场安全措施；④ 严格执行工作票所列安全措施。

3.5 应时刻掌握作业的进展情况，密切注视作业人员的动作，根据作业方案及作业步骤及时做出适当的指示，整个作业过程中不得放松对危险部位的监护工作。

3.6 工作班成员的安全职责：① 熟悉工作内容、工作流程，掌握安全措施，明确工作中的危险点，并履行确认手续；② 严格遵守安全规章制度、技术规程和劳动纪律，对自己在工作中的行为负责，互相关心工作安全，并监督《安规》的执行和现场安全措施的实施；③ 作业人员正确使用安全工器具和劳动防护用品。

4. 危险点

4.1 带电作业时，安全距离不足引起触电

带电作业人员接触带电体时，与接地体应保持 0.4m 及以上安全距离，与邻相带电体保持 0.6m 及以上安全距离；带电作业人员接触接地体时，与带电体应保持 0.4m 及以上安全距离，安全距离不足时，做好绝缘遮蔽隔离措施。

4.2 气象条件不符合要求

带电作业应在良好的天气下进行，作业前须进行风速和湿度测量。风力大于 5 级，或湿度大于 80%时，不宜进行带电作业。若遇有雷电、雪、雹、雨、雾等不良天气，禁止带电作业。带电作业过程中若遇有天气突然变化，有可能危及人身及设备安全时，应立即停止工作，撤离人员，恢复设备正常状况，或采取临时安全措施。

4.3 绝缘工器具不合格，作业时绝缘工器具表面泄漏电流过大

绝缘工器具应按定置要求分类摆放在防潮帆布上，绝缘工器具不能与金属工具、材料混放。检查个人绝缘防护用具、遮蔽用具无针孔、砂眼、裂纹等，绝缘手套必须做充气试验，试验合格证在有效期范围内。绝缘工具使用前应仔细检查确认没有损坏、受潮、变形、失灵，否则禁止使用。并用 2500V 及以上绝缘电阻表或绝缘检

测仪进行分段绝缘检测（电极宽 2cm，极间宽 2cm），阻值不低于 700MΩ。

4.4 作业现场悬挂标志牌和装设围栏

在城区、人口密集区地段或交通道口和通行道路上施工时，应设置安全围栏，安全围栏的范围应考虑作业中高空坠落和高空落物的影响以及道路交通，必要时联系交通部门，围栏的出入口应设置合理。

4.5 作业时违反安规进行操作，可能引起高空坠落，物体打击伤人

带电作业时，工器具、材料应放在专用工具袋内，防止坠落。工器具、材料传递至工作合适位置应固定牢靠，不准随意摆放，避免落物伤人。上下抛掷工器具、材料容易发生失手坠落等情况，所以应使用绝缘绳索拴牢后传递。

4.6 带电作业前后联系调度员

进行带电作业时，无论此次作业是否需要停用线路重合闸装置，作业前后都应该联系调度员，在线路发生异常情况时，调度员可以从保护人身安全角度出发，采用更为妥善的处理方案，避免线路强送电或试送电。在带电作业过程中，线路重合闸装置对带电作业人员的安全起到后备保护的作用。一是在带电作业点发生事故时，线路重合闸装置不启动，避免带电作业人员遭受二次电击的危害；二是非作业点发生故障时，有可能产生内部过电压，线路重合闸装置不启动，避免带电作业人员遭受内部过电压的危害。

4.7 作业前检查作业杆塔、导线等

带电作业前，应对作业点的杆塔、导线等进行外观检查。确认杆根、基础、拉线等是否牢固，严防杆塔倾倒，对作业人员造成严重伤害。确认导线、导线固结点等牢固，防止作业人员触电或损伤

设备。

4.8　安装引流线

引流线一端安装完毕，另一端将带电，为了防止触电，没有安装的引流线应该牢固地固定在本相导线上，并设置绝缘遮蔽隔离措施。

4.9　检测电流

在引流线安装完毕后，拆除即将更换的设备前，应对引流线、即将更换的设备进行检测电流，检测引流线是否满足通流能力；在更换完毕设备后，拆除引流线前，应对设备、引流线进行检测电流，检测设备是否满足通流能力。

5. 防范措施

5.1　在带负荷更换跌落式熔断器时，引流线安装完毕后，在拉开跌落式熔断器熔丝管后，跌落式熔断器熔丝管上下触头都会带电，应对跌落式熔断器熔丝管附近的带电体、接地体设置绝缘遮蔽隔离措施。

5.2　三相跌落式熔断器处于三角排列时，无论待负荷更换哪相跌落式熔断器，都要将另外两相设置绝缘遮蔽隔离措施。

5.3　带负荷更换跌落式熔断器必须根据实际现场制定标准化作业指导书，明确作业方案，严格执行操作步骤和执行所列安全措施。

5.4　提高全员安全意识，跌落式熔断器熔丝管拉开前，要有提前预判的意识。

5.5　带电作业决不允许不具备条件的人员担任工作负责人，他无能力制止作业中的错误操作和及早发现操作中的不安全动作。对工作负责人的选用必须严格遵守 Q/GDW 1799.2—2013 中各项有关规定，选择多年从事带电作业工作，有一定理论基础和丰富实际经验，且有一定的组织能力和对异常情况及事故处理能力的人员担任。

5.6 不论对谁都应坚持不懈的进行安全思想教育，由于主管生产领导、工作负责人、工作班成员的安全思想不牢固，对简单的常规带电作业项目，在思想上没有引起足够的重视，认为不会有异常情况发生，便进行现场作业造成事故。所以，无论是否是简单的现场作业，都应进行坚持不懈的安全思想教育，督促他们树立起牢固的“安全第一、预防为主、综合治理”的思想，以达到防患于未然。

案例二　大风天气造成人员触电

1. 事故简况

某供电公司带电作业班 4 人，利用绝缘斗臂车（绝缘斗臂车折叠式，高度为 21m）采用绝缘手套作业法，进行 10kV 带电接分支线路引线作业，线路设置为水平排列。出发时天气良好符合带电作业现场天气条件。到达作业现场后，突起大风，作业人员使用风速仪实测现场风速为 7 级，且现场有沙尘，作业地点距离单位较远，工作班成员怕往返麻烦，仍坚持作业。工作负责人甲得到调度命令后，宣读工作票，进行危险点分析，交代安全措施和技术措施，指派工作班成员乙、丙为斗内电工，丁为地面电工。工作班成员签字确认后，斗内电工乙、丙穿戴全套个人绝缘防护用具，系好安全带，操作绝缘斗臂车进入工作位置。由于风速较大，斗臂车摆动严重，斗内电工乙没有戴护目镜，在视线不好的情况下操作绝缘斗臂车时不慎将绝缘斗撞在横担上，导致绝缘斗损坏严重，作业被迫停止。

2. 事故原因

2.1 直接原因

2.1.1 斗内电工乙操作绝缘斗臂车不熟练，没有预判风速和操作绝缘斗臂车的速度，使绝缘斗撞在横担上，是发生事故的直接原因。

2.1.2 带电作业应在良好的天气下进行，风力大于 5 级，不宜进行带电作业。

2.2 主要原因

2.2.1 斗内电工乙、丙在视线不好的情况下，没有戴放护目镜。

2.2.2 工作负责人甲未正确地组织工作，在天气不具备条件的情况下，强令冒险作业。

2.3 间接原因

2.3.1 在恶劣的天气下进行带电时，没有采取必要的安全措施。

2.3.2 工作班成员没有互相关心工作安全，怕麻烦，作业人员安全意识差。

3. 违反相关规定

3.1 带电作业应在良好的天气下进行。如遇雷、雹、雨、雪、雾等天气，不得进行带电作业。风力大于 5 级时，一般不宜进行作业。当湿度大于 80%时，如果进行带电作业，应使用防潮绝缘工具。

3.2 在特殊情况下，必须在恶劣天气进行带电抢修时，应针对现场气候和工作条件，应组织相关人员充分讨论并编制必要的安全措施，经本单位分管生产领导（总工程师）批准后方可进行。

3.3 带电断、接空载线路时，作业人员应戴护目镜，并采取消弧措施。

3.4 高架绝缘斗臂车应经检验合格。绝缘斗臂车操作人员应熟悉带电作业有关规定，并经专门培训，考试合格，持证上岗。

3.5 在带电作业过程中，绝缘斗的升起、下降速度不应大于 0.5m/s，绝缘斗臂车回转机构回转时，绝缘斗外沿的速度不应大于 0.5m/s。

3.6 工作负责人的职责：① 正确安全地组织工作；② 负责检查工作票所列安全措施是否正确完备，是否符合现场实际条件，必要时应予以补充；③ 督促、监护工作班成员遵守《安规》、正确使用劳动防护用品和执行现场安全措施；④ 严格执行工作票所列安全措施。

3.7 工作负责人应时刻掌握作业的进展情况，密切注视作业人员的动作，根据作业方案及作业步骤及时做出适当的指示，整个作业过程中不得放松对危险部位的监护工作。

3.8 工作班成员的职责：① 熟悉工作内容、工作流程，掌握安全措施，明确工作中的危险点，并履行确认手续；② 严格遵守安全规章制度、技术规程和劳动纪律，对自己在工作中的行为负责，互相关心工作安全，并监督《安规》的执行和现场安全措施的实施；③ 作业人员正确使用安全工器具和劳动防护用品。

4. 危险点

4.1 带电作业时，安全距离不足引起触电

带电作业人员接触带电体时，与接地体应保持 0.4m 及以上安全

距离，与邻相带电体保持 0.6m 及以上安全距离；带电作业人员接触接地体时，与带电体应保持 0.4m 及以上安全距离，安全距离不足时，做好绝缘遮蔽隔离措施。

4.2　气象条件不符合要求

带电作业应在良好的天气下进行，作业前须进行风速和湿度测量。风力大于 5 级，或湿度大于 80%时，不宜进行带电作业。若遇有雷电、雪、雹、雨、雾等不良天气，禁止带电作业。带电作业过程中若遇有天气突然变化，有可能危及人身及设备安全时，应立即停止工作，撤离人员，恢复设备正常状况，或采取临时安全措施。

4.3　绝缘工器具不合格，作业时绝缘工器具表面泄漏电流过大

绝缘工器具应按定置要求分类摆放在防潮帆布上，绝缘工器具不能与金属工具、材料混放。检查个人绝缘防护用具、遮蔽用具无针孔、砂眼、裂纹等，绝缘手套必须做充气试验，试验合格证在有效期范围内。绝缘工具使用前应仔细检查确认没有损坏、受潮、变形、失灵，否则禁止使用。并用 2500V 及以上绝缘电阻表或绝缘检测仪进行分段绝缘检测（电极宽 2cm，极间宽 2cm），阻值不低于 700MΩ。

4.4　作业现场悬挂标志牌和装设围栏

在城区、人口密集区地段或交通道口和通行道路上施工时，应设置安全围栏，安全围栏的范围应考虑作业中高空坠落和高空落物的影响以及道路交通，必要时联系交通部门，围栏的出入口应设置合理。

4.5　作业时违反安规进行操作，可能引起高空坠落，物体打击伤人

带电作业时，工器具、材料应放在专用工具袋内，防止坠落。工器具、材料传递至工作合适位置应固定牢靠，不准随意摆放，避

免落物伤人。上下抛掷工器具、材料容易发生失手坠落等情况，所以应使用绝缘绳索拴牢后传递。

4.6 带电作业前后联系调度员

进行带电作业时，无论此次作业是否需要停用线路重合闸装置，作业前后都应该联系调度员，在线路发生异常情况时，调度员可以从保护人身安全角度出发，采用更为妥善的处理方案，避免线路强送电或试送电。在带电作业过程中，线路重合闸装置对带电作业人员的安全起到后备保护的作用。一是在带电作业点发生事故时，线路重合闸装置不启动，避免带电作业人员遭受二次电击的危害；二是非作业点发生故障时，有可能产生内部过电压，线路重合闸装置不启动，避免带电作业人员遭受内部过电压的危害。

4.7 作业前检查作业杆塔、导线等

带电作业前，应对作业点的杆塔、导线等进行外观检查。确认杆根、基础、拉线等是否牢固，严防杆塔倾倒，对作业人员造成严重伤害。确认导线、导线固结点等牢固，防止作业人员触电或损伤设备。

4.8 绝缘斗臂车操作速度过快，撞击设备

绝缘斗臂车操作人员应在工作负责人指挥下进行操作，并随时注意周围环境及操作速度。

5. 防范措施

5.1 带电作业必须在良好的天气下进行，虽然规定风力大于 5 级是不宜进行作业，但要看现场实际情况和作业性质，若在紧急、危急的情况下，采取了必要的安全措施，确保人身和设备安全的情况下，方可进行作业。

5.2 工作负责人是带电作业现场的组织者和领导者，是现场的第一安全责任人，对实际现场和作业的必要性要有判断，判断要正确果断。

5.3 带电作业人员必须穿戴全套个人防护用具，断、接引线和现场视线不好的情况下，必须带护目镜。

5.4 带电作业决不允许不具备条件的人员担任工作负责人，他无能力制止作业中的错误操作和及早发现操作中的不安全动作。对工作负责人的选用必须严格遵守 Q/GDW 1799.2—2013 中各项有关规定，选择多年从事带电作业工作，有一定理论基础和丰富实际经验，且有一定的组织能力和对异常情况及事故处理能力的人员担任。

5.5 不论对谁都应坚持不懈的进行安全思想教育，由于主管生产领导、工作负责人、工作班成员的安全思想不牢固，对简单的常规带电作业项目，在思想上没有引起足够的重视，认为不会有异常情况发生，便进行现场作业造成事故。所以，无论是否是简单的现场作业，都应进行坚持不懈的安全思想教育，督促他们树立起牢固的“安全第一、预防为主、综合治理”的思想，以达到防患于未然。

案例三 雨天作业，造成接地跳闸

1. 事故简况

某供电公司带电作业班 4 人，利用绝缘斗臂车采用绝缘手套作业法，进行 10kV 带电更换耐张绝缘子。到达作业现场后，工作负责人甲得到调度命令后，宣读工作票，进行危险点分析，交代安全措施和技术措施，指派工作班成员乙为斗内电工，丙为专责监护人，丁为地面电工。工作班成员签字确认后，斗内电工乙穿戴全套个人绝缘防护用具，系好安全带，操作绝缘斗臂车进入工作位置。天突然下起小雨（当他们出发时，天气就不好），工作负责人甲说："我们不要干了。"斗内电工乙说："没有下大雨，这点小雨不要紧。"（作业点离单位较远，往返需 45min，他们不愿再往返一次）工作负责人甲便附和说："好，免得明天再来。"就这样，他们把需要更换的绝缘子串脱离导线，并将新绝缘子串吊至杆上。准备组装时，雨下大，斗内电工乙说："有麻电感觉。"工作负责人甲说："停止作业，马上下来。"下来不久，由于泄漏电流过大、发生接地，"砰"的一声，全线跳闸，事故后检查，发现绝缘保险绳被烧断，绝缘紧线器的绝缘带被烧断一部分。

2. 事故原因

2.1 直接原因

2.1.1 斗内电工乙冒雨作业，在带电作业过程中有麻电感觉，导致作业未完成，绝缘保险绳由于泄漏电流过大，造成接地事故，是发生事故的直接原因。

2.1.2 在带电作业过程中，天气突变，斗内电工乙对作业设备采取的临时安全措施不当。

2.2 主要原因

工作负责人未能正确果断的制止严重违章作业，而是迎合斗内电工乙继续作业，是发生事故的主要原因。

2.3 间接原因

带电作业前，应对气象条件进行预判，根据作业性质和天气情况确定是否有必要进行作业。

3. 违反相关规定

3.1 带电作业应在良好的天气下进行，如遇雷、雨、雪、雾、雹不准进行带电作业，风力大于5级或湿度大于80%，一般不宜进行带电作业。

3.2 带电作业过程中若遇天气突然变化，有可能危及人身或设备安全时，应立即停止工作；在保证人身安全的情况下，尽快恢复设备正常状况，或采取其他措施。

3.3 在特殊情况下，必须在恶劣气象天气进行带电抢修时，应组织有关人员充分讨论并编制必要的安全措施，经本单位分管生产领导（总工程师）批准后方可进行。

3.4 工作负责人的职责：① 正确安全地组织工作；② 负责检查工作票所列安全措施是否正确完备，是否符合现场实际条件，必要时应予以补充；③ 督促、监护工作班成员遵守《安规》、正确使用劳动防护用品和执行现场安全措施；④ 严格执行工作票所列安全措施。

3.5 工作负责人应时刻掌握作业的进展情况，密切注视作业人员的动作，根据作业方案及作业步骤及时做出适当的指示，整个作业过程中不得放松对危险部位的监护工作。

3.6 工作班成员的职责：① 熟悉工作内容、工作流程，掌握安全措施，明确工作中的危险点，并履行确认手续；② 严格遵守安全规章制度、技术规程和劳动纪律，对自己在工作中的行为负责，互相关心工作安全，并监督《安规》的执行和现场安全措施的实施；③作业人员正确使用安全工器具和劳动防护用品。

4. 危险点

4.1 带电作业时，安全距离不足引起触电

带电作业人员接触带电体时，与接地体应保持 0.4m 及以上安全距离，与邻相带电体保持 0.6m 及以上安全距离；带电作业人员接触接地体时，与带电体应保持 0.4m 及以上安全距离，安全距离不足时，做好绝缘遮蔽隔离措施。

4.2 气象条件不符合要求

带电作业应在良好的天气下进行，作业前须进行风速和湿度测量。风力大于 5 级，或湿度大于 80%时，不宜进行带电作业。若遇有雷电、雪、雹、雨、雾等不良天气，禁止带电作业。带电作业过程中若遇有天气突然变化，有可能危及人身及设备安全时，应立即停止工作，撤离人员，恢复设备正常状况，或采取临时安全措施。

4.3 绝缘工器具不合格，作业时绝缘工器具表面泄漏电流过大

绝缘工器具应按定置要求分类摆放在防潮帆布上，绝缘工器具不能与金属工具、材料混放。检查个人绝缘防护用具、遮蔽用具无针孔、砂眼、裂纹等，绝缘手套必须做充气试验，试验合格证在有效期范围内。绝缘工具使用前应仔细检查确认没有损坏、受潮、变形、失灵，否则禁止使用。并用 2500V 及以上绝缘电阻表或绝缘检测仪进行分段绝缘检测（电极宽 2cm，极间宽 2cm），阻值不低于 700MΩ。

4.4 作业现场悬挂标志牌和装设围栏

在城区、人口密集区地段或交通道口和通行道路上施工时，应

设置安全围栏，安全围栏的范围应考虑作业中高空坠落和高空落物的影响以及道路交通，必要时联系交通部门，围栏的出入口应设置合理。

4.5　作业时违反安规进行操作，可能引起高空坠落，物体打击伤人

带电作业时，工器具、材料应放在专用工具袋内，防止坠落。工器具、材料传递至工作合适位置应固定牢靠，不准随意摆放，避免落物伤人。上下抛掷工器具、材料容易发生失手坠落等情况，所以应使用绝缘绳索拴牢后传递。

4.6　带电作业前后联系调度员

进行带电作业时，无论此次作业是否需要停用线路重合闸装置，作业前后都应该联系调度员，在线路发生异常情况时，调度员可以从保护人身安全角度出发，采用更为妥善的处理方案，避免线路强送电或试送电。在带电作业过程中，线路重合闸装置对带电作业人员的安全起到后备保护的作用。一是在带电作业点发生事故时，线路重合闸装置不启动，避免带电作业人员遭受二次电击的危害；二是非作业点发生故障时，有可能产生内部过电压，线路重合闸装置不启动，避免带电作业人员遭受内部过电压的危害。

4.7　作业前检查作业杆塔、导线等

带电作业前，应对作业点的杆塔、导线等进行外观检查。确认杆根、基础、拉线等是否牢固，严防杆塔倾倒，对作业人员造成严重伤害。确认导线、导线固结点等牢固，防止作业人员触电或损伤设备。

4.8　更换耐张绝缘子串必须采取后背保护措施

在带电更换耐张绝缘子串时，必须采取后备保护措施，且后备保护措施的范围要大于作业范围，保护绳不得松弛，避免在更换耐张绝缘子时紧线设备失灵导致带电导线落地或引线受力。

5. 防范措施

5.1 带电作业必须在良好的天气下进行，带电作业所使用的绝缘斗臂车、绝缘工器具等不具备防水功能，如遇雨淋，会降低绝缘电阻。

5.2 工作负责人是带电作业现场的组织者和领导者，是现场的第一安全责任人，对实际现场和作业的必要性要有判断，判断要正确果断，工作班成员要服从工作负责人的指挥。

5.3 在带电作业过程中突下大雨，采取的临时安全措施不当，斗内电工乙应放长绝缘紧线设备，使绝缘带加长，增加泄漏电流爬距。

5.4 带电作业决不允许不具备条件的人员担任工作负责人，他无能力制止作业中的错误操作和及早发现操作中的不安全动作。对工作负责人的选用必须严格遵守 Q/GDW 1799.2—2013 中各项有关规定，选择多年从事带电作业工作，有一定理论基础和丰富实际经验，且有一定的组织能力和对异常情况及事故处理能力的人员担任。

5.5 不论对谁都应坚持不懈的进行安全思想教育，由于主管生产领导、工作负责人、工作班成员的安全思想不牢固，对简单的常规带电作业项目，在思想上没有引起足够的重视，认为不会有异常情况发生，便进行现场作业造成事故。所以，无论是否是简单的现场作业，都应进行坚持不懈的安全思想教育，督促他们树立起牢固的“安全第一、预防为主、综合治理”的思想，以达到防患于未然。

案例四　作业现场环境复杂，带电接分支线路引线时，造成人身触电

1. 事故简况

某供电公司带电作业班 4 人，采用绝缘杆作业法，进行 10kV 带电接分支线路引线作业，作业杆塔为两回线路，分支线路接入上层 10kV 线路，线路设置为水平排列。同杆架设的 380V 低压线已停电。10kV 线路与 380V 线路距离为 1.5m，到达作业现场后，工作负责人甲得到调度命令后，宣读工作票，进行危险点分析，交代安全措施和技术措施，指派工作班成员乙、丙为杆上电工，丁为地面电工。工作班成员签字确认后进行杆上作业。杆上电工乙蹲在低压横担上，用缠线器进行带电接分支线路引线作业，杆上电工丙站在低压横担上观看缠绕绑线质量。作业过程中，杆上电工乙因为没有站稳，身体一晃，一只手触到带电导线上，一只脚踩在下面的低压横担上，造成人身触电死亡。

2. 事故原因

2.1　直接原因

2.1.1　杆上电工乙安全意识淡薄，未正确穿戴个人绝缘防护用具，是造成事故的直接原因。

2.1.2　杆上电工乙在接分支引线时，未对作业范围内的带电体设置绝缘遮蔽隔离措施。

2.2 主要原因

2.2.1 杆上电工乙没有正确使用登杆工具，稳定的站在合适工作位置进行作业。

2.2.2 工作负责人甲现场监护不到位，没有及时制止杆上电工乙没有穿戴个人绝缘防护用具，没有及时制止对安全距离不够的带电体设置绝缘遮蔽隔离措施。

2.3 间接原因

2.3.1 杆上电工丙没有互相关心工作班成员的安全，互相配合不够默契，没有及时制止杆上电工乙处在带电体附近的危险区域。

2.3.2 作业时，杆上电工乙未采取正确作业姿势，没有按照带电作业标准进行作业，严重违章造成单相接地引起触电。

3. 违反相关规定

3.1 工作负责人的安全责任：① 正确安全地组织工作；② 负责检查工作票所列安全措施是否正确完备，是否符合现场实际条件，必要时予以补充；③ 工作前对工作班成员进行危险点告知，交代安全措施和技术措施，并确认每一个工作班成员都已知晓；④ 严格执行工作票所列安全措施；⑤ 督促、监护工作班成员遵守《安规》、正确使用劳动防护用品和执行现场安全措施。

3.2 工作负责人应时刻掌握作业的进展情况，密切注视作业人员的动作，根据作业方案及作业步骤及时做出适当的指示，整个作业过程中不得放松对危险部位的监护工作。

3.3 工作班成员的安全责任：① 熟悉工作内容、工作流程，掌握安全措施，明确工作中的危险点，并履行确认手续；② 严格遵守安全规章制度、技术规程和劳动纪律，对自己在工作中的行为负责，

互相关心工作安全，并监督《安规》的执行和现场安全措施的实施；③ 正确使用安全工器具和劳动防护用品。

3.4 带电作业时，作业区域带电导线、横担等应采取相间、相对地的绝缘隔离措施。绝缘隔离措施的范围应比作业人员活动范围增加0.4m以上。

3.5 对作业中可能触及的其他带电体及无法满足安全距离的接地体（导线支承件、金属紧固件、横担、拉线等）应采取绝缘遮蔽措施。

3.6 作业人员与带电体保持规定的安全距离，戴绝缘手套和穿绝缘靴。通过绝缘工具进行作业的方式。在作业范围狭小或线路多回架设，作业人员身体各部位有可能触及不同电位的电力设施时，作业人员应穿戴全套绝缘防护用具，对带电体应进行绝缘遮蔽。

3.7 在杆塔上作业和转位时，作业人员确认手扶构件牢固，脚站在稳定的构架或登杆工具后，方可作业或者转移工作位置，防止工作人员失去重心，发生危险。

4. 危险点

4.1 带电作业时，安全距离不足引起触电

带电作业人员接触带电体时，与接地体应保持0.4m及以上安全距离，与邻相带电体保持0.6m及以上安全距离；带电作业人员接触接地体时，与带电体应保持 0.4m 及以上安全距离，安全距离不足时，做好绝缘遮蔽隔离措施。

4.2 气象条件不符合要求

带电作业应在良好的天气下进行，作业前须进行风速和湿度测量。风力大于 5 级，或湿度大于 80%时，不宜进行带电作业。若遇有雷电、雪、雹、雨、雾等不良天气，禁止带电作业。带电作业过

程中若遇有天气突然变化，有可能危及人身及设备安全时，应立即停止工作，撤离人员，恢复设备正常状况，或采取临时安全措施。

4.3 绝缘工器具不合格，作业时绝缘工器具表面泄漏电流过大

绝缘工器具应按定置要求分类摆放在防潮帆布上，绝缘工器具不能与金属工具、材料混放。检查个人绝缘防护用具、遮蔽用具无针孔、砂眼、裂纹等，绝缘手套必须做充气试验，试验合格证在有效期范围内。绝缘工具使用前应仔细检查确认没有损坏、受潮、变形、失灵，否则禁止使用。并用 2500V 及以上绝缘电阻表或绝缘检测仪进行分段绝缘检测（电极宽 2cm，极间宽 2cm），阻值不低于 700MΩ。

4.4 作业现场悬挂标志牌和装设围栏

在城区、人口密集区地段或交通道口和通行道路上施工时，应设置安全围栏，安全围栏的范围应考虑作业中高空坠落和高空落物的影响以及道路交通，必要时联系交通部门，围栏的出入口应设置合理。

4.5 作业时违反安规进行操作，可能引起高空坠落，物体打击伤人

带电作业时，工器具、材料应放在专用工具袋内，防止坠落。工器具、材料传递至工作合适位置应固定牢靠，不准随意摆放，避免落物伤人。上下抛掷工器具、材料容易发生失手坠落等情况，所以应使用绝缘绳索拴牢后传递。

4.6 带电作业前后联系调度员

进行带电作业时，无论此次作业是否需要停用线路重合闸装置，作业前后都应该联系调度员，在线路发生异常情况时，调度员可以从保护人身安全角度出发，采用更为妥善的处理方案，避免线路强送电或试送电。在带电作业过程中，线路重合闸装置对带电作

业人员的安全起到后备保护的作用。一是在带电作业点发生事故时，线路重合闸装置不启动，避免带电作业人员遭受二次电击的危害；二是非作业点发生故障时，有可能产生内部过电压，线路重合闸装置不启动，避免带电作业人员遭受内部过电压的危害。

4.7 作业前检查作业杆塔、导线等

带电作业前，应对作业点的杆塔、导线等进行外观检查。确认杆根、基础、拉线等是否牢固，严防杆塔倾倒，对作业人员造成严重伤害。确认导线、导线固结点等牢固，防止作业人员触电或损伤设备。

4.8 登高工具不合格及不规范使用登高工具

登杆前，要对登杆工具进行外观检查，如脚扣有裂纹、胶皮套磨漏、升降板有裂纹、绳子磨损严重等不能使用，以防意外发生。脚扣和升降板除了做外观检查外，试登第一步或第一板时，应有意识地进行人体重量的冲击试验。禁止携带材料等进行登杆或在杆上移位，防止材料等失落，砸伤地面人员或损坏材料。严禁利用绳索、拉线上下杆塔，防止绳索、拉线出现断裂情况导致作业人员坠落。

4.9 登高作业时，不按要求使用安全带

安全带是高处作业人员预防坠落伤亡的防护用品，应采用双控、双保险的挂钩，以防挂钩脱落。双控背带式安全带配件应齐全。在高空作业中，为了提高安全保护系数，避免工作人员转位或发生意外时出现失去保护的情况，应使用有后备绳或速差自锁器的双控背带式安全带，为工作人员提供双重保护。

4.10 杆上作业人员站位较高，误碰带电导线

采用绝缘杆进行带电作业时，时刻保持与带电体的安全距离，

要采取可靠地安全措施。即便带电体设置了绝缘遮蔽隔离措施，也不能碰触带电体，因为采用绝缘杆作业法时，绝缘杆是主绝缘，个人防护用具、绝缘遮蔽用具是辅助绝缘，所以作业人员不能碰触带电体。

5. 防范措施

5.1 作业人员在带电作业过程中，使用的绝缘操作杆必须保持 0.7m 及以上的有效绝缘长度。

5.2 作业人员利用绝缘杆作业法进行带电作业时，人体与邻近带电体必须保持 0.4m 及以上的安全距离。不能满足安全距离时，应采取绝缘遮蔽隔离措施。

5.3 作业人员必须使用合格的绝缘工器具和安全防护用具，登杆前检查登高工具及安全带，并做冲击试验。作业人员登杆作业时，应使用带有后备保护绳的安全带，副安全带缠绕在杆身上，杆上作业人员进行转位时，不得失去安全带保护，以防止高空坠落。

5.4 带电作业决不允许不具备条件的人员担任工作负责人，他无能力制止作业中的错误操作和及早发现操作中的不安全动作。对工作负责人的选用必须严格遵守 Q/GDW 1799.2—2013 中各项有关规定，选择多年从事带电作业工作，有一定理论基础和丰富实际经验，且有一定的组织能力和对异常情况及事故处理能力的人员担任。

5.5 所有人员有权拒绝违章指挥和强令冒险作业；在发现直接危及人身、电网和设备安全的紧急情况时，有权停止作业或者在采取可能的紧急措施后撤离作业现场，并立即报告。

5.6 不论对谁都应坚持不懈的进行安全思想教育，由于主管生产领导、工作负责人、工作班成员的安全思想不牢固，对简单的常规带电作业项目，在思想上没有引起足够的重视，认为不会有异常情况发生，便进行现场作业造成事故。所以，无论是否是简单的现场作业，都应进行坚持不懈的安全思想教育，督促他们树立起牢固的“安全第一、预防为主、综合治理”的思想，以达到防患于未然。

案例五　提升导线，发生断线，导致单相接地

1. 事故简况

某供电公司带电作业班 4 人，利用绝缘斗臂车采用绝缘手套作业法，进行 10kV 带电拆除原有 12m 电杆一基，新立 15m 电杆两基组装变压器台作业。到达作业现场后，工作负责人甲得到调度命令后，宣读工作票，进行危险点分析，交代安全措施和技术措施，指派工作班成员乙为斗内电工，丙为专责监护人，丁为地面电工。工作班成员签字确认后，斗内电工乙穿戴全套个人防护用具，系好安全带，操作绝缘斗臂车进入工作位置。带电组立完两基 15m 电杆后，将 12m 电杆上的导线往新立 15m 电杆上提升导线时，导线提升距离新立 15m 电杆横担 0.4m 处，发生导线断线事故。导致单相接地故障。经现场分析，导线直径为 $50mm^2$，且没有钢芯，导线向上提升过程中导线受力过大发生断线，幸好断线处没有人员，没有发生人身事故。

2. 事故原因

2.1 直接原因

斗内电工乙在提升导线时，没有注意导线受力情况，导致导线受力过大，是发生事故的直接原因。

2.2 主要原因

2.2.1 相关生产领导及工作负责人甲在工作前，在现场勘查工作中产生漏洞，没有进行细致的现场勘查，并且未与设备运行单位进行详细沟通，没有了解现场作业环境、导线直径与受力等相关信息，是造成本次事故的主要原因。

2.2.2 工作负责人甲现场安全监护不到位，在斗内电工乙提升导线时，没有及时发现导线受力过大，导致发生断线。

2.3 间接原因

作业人员缺少带电作业经验，作业方法不正确，现场勘查不够细致，没有预想导线向上提升 3m 会发生断线的事故。

3. 违反相关规定

3.1 工作负责人的安全责任：① 正确安全地组织工作；② 负责检查工作票所列安全措施是否正确完备，是否符合现场实际条件，必要时予以补充；③ 工作前对工作班成员进行危险点告知，交代安全措施和技术措施，并确认每一个工作班成员都已知晓；④ 严格执行工作票所列安全措施；⑤ 督促、监护工作班成员遵守《安规》、正确使用劳动防护用品和执行现场安全措施。

3.2 工作负责人应时刻掌握作业的进展情况，密切注视作业人员的动作，根据作业方案及作业步骤及时做出适当的指示，整个作业过程中不得放松对危险部位的监护工作。

3.3 工作班成员的安全责任：① 熟悉工作内容、工作流程，掌握安全措施，明确工作中的危险点，并履行确认手续；② 严格遵守安全规章制度、技术规程和劳动纪律，对自己在工作中的行为负责，互相关心工作安全，并监督《安规》的执行和现场安全措施的实施；③ 正确使用安全工器具和劳动防护用品。

3.4 现场勘查应查看检修（施工）作业需要停电的范围、保留的带电部位、装设接地线的位置、临近线路、交叉跨越、多电源、自备电源、地下管线设施和作业现场的条件、环境及其他影响作业的危险点，并提出针对性的安全措施和注意事项。

3.5 带电作业项目，应勘察配电线路是否符合带电作业条件、同杆（塔）架设线路及其方位和电气间距、作业现场条件和环境及其他影响作业的危险点，并根据勘察结果确定带电作业方法、所需工具以及应采取的措施。

3.6 带电作业提升导线时，可采用绝缘斗臂车小吊臂法等提升导线，严禁用绝缘斗臂车的工作斗支撑导线。

4. 危险点

4.1 带电作业时，安全距离不足引起触电

带电作业人员接触带电体时，与接地体应保持 0.4m 及以上安全距离，与邻相带电体保持 0.6m 及以上安全距离；带电作业人员接触接地体时，与带电体应保持 0.4m 及以上安全距离，安全距离不足时，做好绝缘遮蔽隔离措施。

4.2 气象条件不符合要求

带电作业应在良好的天气下进行，作业前须进行风速和湿度测

量。风力大于 5 级，或湿度大于 80%时，不宜进行带电作业。若遇有雷电、雪、雹、雨、雾等不良天气，禁止带电作业。带电作业过程中若遇有天气突然变化，有可能危及人身及设备安全时，应立即停止工作，撤离人员，恢复设备正常状况，或采取临时安全措施。

4.3 绝缘工器具不合格，作业时绝缘工器具表面泄漏电流过大

绝缘工器具应按定置要求分类摆放在防潮帆布上，绝缘工器具不能与金属工具、材料混放。检查个人绝缘防护用具、遮蔽用具无针孔、砂眼、裂纹等，绝缘手套必须做充气试验，试验合格证在有效期范围内。绝缘工具使用前应仔细检查确认没有损坏、受潮、变形、失灵，否则禁止使用。并用 2500V 及以上绝缘电阻表或绝缘检测仪进行分段绝缘检测（电极宽 2cm，极间宽 2cm），阻值不低于 700MΩ。

4.4 作业现场悬挂标志牌和装设围栏

在城区、人口密集区地段或交通道口和通行道路上施工时，应设置安全围栏，安全围栏的范围应考虑作业中高空坠落和高空落物的影响以及道路交通，必要时联系交通部门，围栏的出入口应设置合理。

4.5 作业时违反安规进行操作，可能引起高空坠落，物体打击伤人

带电作业时，工器具、材料应放在专用工具袋内，防止坠落。工器具、材料传递至工作合适位置应固定牢靠，不准随意摆放，避免落物伤人。上下抛掷工器具、材料容易发生失手坠落等情况，所以应使用绝缘绳索拴牢后传递。

4.6 带电作业前后联系调度员

进行带电作业时，无论此次作业是否需要停用线路重合闸装置，作业前后都应该联系调度员，在线路发生异常情况时，调度员

可以从保护人身安全角度出发，采用更为妥善的处理方案，避免线路强送电或试送电。在带电作业过程中，线路重合闸装置对带电作业人员的安全起到后备保护的作用。一是在带电作业点发生事故时，线路重合闸装置不启动，避免带电作业人员遭受二次电击的危害；二是非作业点发生故障时，有可能产生内部过电压，线路重合闸装置不启动，避免带电作业人员遭受内部过电压的危害。

4.7　作业前检查作业杆塔、导线等

带电作业前，应对作业点的杆塔、导线等进行外观检查。确认杆根、基础、拉线等是否牢固，严防杆塔倾倒，对作业人员造成严重伤害。确认待升起导线两端的固结点是否牢固，防止作业人员触电或损伤设备。

4.8　登高工具不合格及不规范使用登高工具

登杆前，要对登杆工具进行外观检查，如脚扣有裂纹、胶皮套磨漏、升降板有裂纹、绳子磨损严重等不能使用，以防意外发生。脚扣和升降板除了做外观检查外，试登第一步或第一板时，应有意识地进行人体重量的冲击试验。禁止携带材料等进行登杆或在杆上移位，防止材料等失落，砸伤地面人员或损坏材料。严禁利用绳索、拉线上下杆塔，防止绳索、拉线出现断裂情况导致作业人员坠落。

4.9　登高作业时，不按要求使用安全带

安全带是高处作业人员预防坠落伤亡的防护用品，应采用双控、双保险的挂钩，以防挂钩脱落。双控背带式安全带配件应齐全。在高空作业中，为了提高安全保护系数，避免工作人员转位或发生意外时出现失去保护的情况，应使用有后备绳或速差自锁器的双控背带式安全带，为工作人员提供双重保护。

4.10 斗臂车、吊车合理使用，缓慢动作

导线升起应有足够高度，撤除、新立电杆严格保持与带电导线的安全距离，至少保持 0.7m。吊车与斗臂车位置合适，四角平稳，严禁过载使用。

4.11 作业过程中引起导线断线

作业过程中，斗臂车动作幅度不宜过大，避免损伤导线，发生导线断线的危险。

5. 防范措施

5.1 作业人员在带电作业过程中，要对可能触及的带电体、接地体进行良好的绝缘遮蔽，导线升起时应缓慢动作。

5.2 进行带电作业时，人体与邻近带电体必须保持 0.4m 及以上的安全距离。不能满足安全距离时，应采取绝缘遮蔽隔离措施。

5.3 作业人员必须使用合格的绝缘工器具和安全防护用具，登杆前检查登高工具及安全带，并做冲击试验。作业人员登杆作业时，应使用带有后备保护绳的安全带，副安全带缠绕在杆身上，杆上作业人员进行转位时，不得失去安全带保护，以防止高空坠落。

5.4 带电作业决不允许不具备条件的人员担任工作负责人，他无能力制止作业中的错误操作和及早发现操作中的不安全动作。对工作负责人的选用必须严格遵守 Q/GDW 1799.2—2013 中各项有关规定，选择多年从事带电作业工作，有一定理论基础和丰富实际经验，且有一定的组织能力和对异常情况及事故处理能力的人员担任。

5.5 所有人员有权拒绝违章指挥和强令冒险作业；在发现直接危及人身、电网和设备安全的紧急情况时，有权停止作业或者在采取可能的紧急措施后撤离作业现场，并立即报告。

5.6 导线升起应有足够高度，撤除、新立电杆严格保持与带电导线的安全距离，至少保持 0.7m。吊车与斗臂车位置合适，四角平稳，严禁过载使用。斗臂车与吊车听从负责人统一指挥，平举横担严禁过力使用。

案例六 带电检修隔离开关，相间短路

1. 事故简况

某供电公司带电作业班 4 人，利用绝缘斗臂车采用绝缘手套作业法，进行 10kV 带电抢修落雷线路，该线路因落雷致电缆构架 A 相高压隔离开关引线及 A 相导线烧伤，线路设置为水平排列。到达作业现场后，工作负责人甲得到调度命令后，宣读工作票，进行危险点分析，交代安全措施和技术措施，指派工作班成员乙、丙为斗内电工，丁为地面电工。工作班成员签字确认后，斗内电工乙、丙穿戴全套个人防护用具，系好安全带，操作绝缘斗臂车进入工作位置。斗内电工乙、丙互相配合修复 A 相高压隔离开关引线时，该受伤 A 相导线突然断开落地，导致发生单相接地事故。

2. 事故原因

2.1 直接原因

2.1.1 斗内电工乙、丙修复 A 相高压隔离开关引线时，由于 A 相导线受到扭力，主导线受力发生变化，发生断线事故。

2.1.2 斗内电工乙、丙在进行操作前，未了解作业现场相关环

境因素，也未了解A相导线受伤程度与运行状态，是造成事故的直接原因。

2.2 主要原因

2.2.1 相关生产领导及工作负责人甲在工作前，在现场勘查工作中产生漏洞，没有进行细致的现场勘查，并且未与设备运行单位进行详细沟通，没有了解现场作业环境、导线受伤程度等相关信息，是造成本次事故的主要原因。

2.2.2 主管生产领导对作业人员安排不当，没有选择工作经验多、安全意识强的生产人员来进行带电作业。

2.3 间接原因

2.3.1 工作负责人甲未正确安全地组织工作，监护不到位。未能进行细致的现场勘查工作，对运行设备状况不了解。

2.3.2 未对作业中可能触及的带电体和临近的接地体进行可靠的绝缘遮蔽。未对已受伤的A相导线进行细致检查，并进行适当绑扎固定。

3. 违反相关规定

3.1 工作票签发人的安全职责：① 工作必要性和安全性；② 工作票所列安全措施是否正确完备；③ 所派工作负责人和工作班成员是否适当和充足。

3.2 工作负责人的安全责任：① 正确安全地组织工作；② 负责检查工作票所列安全措施是否正确完备，是否符合现场实际条件，必要时予以补充；③ 工作前对工作班成员进行危险点告知，交代安全措施和技术措施，并确认每一个工作班成员都已知晓；④ 严格执行工作票所列安全措施；⑤ 督促、监护工作班成员遵守《安规》、正确使用劳动防护用品和执行现场安全措施。

3.3 工作负责人应时刻掌握作业的进展情况，密切注视作业人员的动作，根据作业方案及作业步骤及时做出适当的指示，整个作业过程中不得放松对危险部位的监护工作。

3.4 工作班成员的安全责任：① 熟悉工作内容、工作流程，掌握安全措施，明确工作中的危险点，并履行确认手续；② 严格遵守安全规章制度、技术规程和劳动纪律，对自己在工作中的行为负责，互相关心工作安全，并监督《安规》的执行和现场安全措施的实施；③ 正确使用安全工器具和劳动防护用品。

3.5 现场勘查应查看检修（施工）作业需要停电的范围、保留的带电部位、装设接地线的位置、临近线路、交叉跨越、多电源、自备电源、地下管线设施和作业现场的条件、环境及其他影响作业的危险点，并提出针对性的安全措施和注意事项。

3.6 带电作业项目，应勘察配电线路是否符合带电作业条件、同杆（塔）架设线路及其方位和电气间距、作业现场条件和环境及其他影响作业的危险点，并根据勘察结果确定带电作业方法、所需工具以及应采取的措施。

3.7 对作业中可能触及的其他带电体及无法满足安全距离的接地体（导线支承件、金属紧固件、横担、拉线等）应采取绝缘遮蔽措施。

3.8 带电作业中，带电作业人员动作不应过大，平稳的进行。

4. 危险点

4.1 带电作业时，安全距离不足引起触电

带电作业人员接触带电体时，与接地体应保持 0.4m 及以上安全距离，与邻相带电体保持 0.6m 及以上安全距离；带电作业人员接触

接地体时，与带电体应保持 0.4m 及以上安全距离，安全距离不足时，做好绝缘遮蔽隔离措施。

4.2 气象条件不符合要求

带电作业应在良好的天气下进行，作业前须进行风速和湿度测量。风力大于 5 级，或湿度大于 80%时，不宜进行带电作业。若遇有雷电、雪、雹、雨、雾等不良天气，禁止带电作业。带电作业过程中若遇有天气突然变化，有可能危及人身及设备安全时，应立即停止工作，撤离人员，恢复设备正常状况，或采取临时安全措施。

4.3 绝缘工器具不合格，作业时绝缘工器具表面泄漏电流过大

绝缘工器具应按定置要求分类摆放在防潮帆布上，绝缘工器具不能与金属工具、材料混放。检查个人绝缘防护用具、遮蔽用具无针孔、砂眼、裂纹等，绝缘手套必须做充气试验，试验合格证在有效期范围内。绝缘工具使用前应仔细检查确认没有损坏、受潮、变形、失灵，否则禁止使用。并用 2500V 及以上绝缘电阻表或绝缘检测仪进行分段绝缘检测（电极宽 2cm，极间宽 2cm），阻值不低于 700MΩ。

4.4 作业现场悬挂标志牌和装设围栏

在城区、人口密集区地段或交通道口和通行道路上施工时，应设置安全围栏，安全围栏的范围应考虑作业中高空坠落和高空落物的影响以及道路交通，必要时联系交通部门，围栏的出入口应设置合理。

4.5 作业时违反安规进行操作，可能引起高空坠落，物体打击伤人

带电作业时，工器具、材料应放在专用工具袋内，防止坠落。工器具、材料传递至工作合适位置应固定牢靠，不准随意摆放，避免落物伤人。上下抛掷工器具、材料容易发生失手坠落等情况，所以应使用绝缘绳索拴牢后传递。

4.6 带电作业前后联系调度员

进行带电作业时，无论此次作业是否需要停用线路重合闸装置，作业前后都应该联系调度员，在线路发生异常情况时，调度员可以从保护人身安全角度出发，采用更为妥善的处理方案，避免线路强送电或试送电。在带电作业过程中，线路重合闸装置对带电作业人员的安全起到后备保护的作用。一是在带电作业点发生事故时，线路重合闸装置不启动，避免带电作业人员遭受二次电击的危害；二是非作业点发生故障时，有可能产生内部过电压，线路重合闸装置不启动，避免带电作业人员遭受内部过电压的危害。

4.7 作业前检查作业杆塔、导线等

带电作业前，应对作业点的杆塔、导线等进行外观检查。确认杆根、基础、拉线等是否牢固，严防杆塔倾倒，对作业人员造成严重伤害。确认受伤导线受伤情况及其他两相导线运行状况，防止作业人员触电或损伤设备。

4.8 登高作业时，不按要求使用安全带

安全带是高处作业人员预防坠落伤亡的防护用品，应采用双控、双保险的挂钩，以防挂钩脱落。双控背带式安全带配件应齐全。在高空作业中，为了提高安全保护系数，避免工作人员转位或发生意外时出现失去保护的情况，应使用有后备绳或速差自锁器的双控背带式安全带，为工作人员提供双重保护。

4.9 作业过程中引起导线断线

作业前，先检查受伤导线受伤程度及其他两相导线运行情况。作业时，避免损伤导线，如导线松动或即将断裂，应采取相关安全措施，防止发生导线断线的危险。

5. 防范措施

5.1 作业人员在带电作业过程中，要对可能触及的带电体、接地体进行良好的绝缘遮蔽。

5.2 进行带电作业时，人体与邻近带电体必须保持0.4m及以上的安全距离。不能满足安全距离时，应采取绝缘遮蔽隔离措施。

5.3 作业人员必须使用合格的绝缘工器具和安全防护用具，进入绝缘斗前，作业人员应穿戴全套绝缘防护用具，系安全带。

5.4 带电作业决不允许不具备条件的人员担任工作负责人，他无能力制止作业中的错误操作和及早发现操作中的不安全动作。对工作负责人的选用必须严格遵守Q/GDW 1799.2—2013中各项有关规定，选择多年从事带电作业工作，有一定理论基础和丰富实际经验，且有一定的组织能力和对异常情况及事故处理能力的人员担任。

5.5 所有人员有权拒绝违章指挥和强令冒险作业；在发现直接危及人身、电网和设备安全的紧急情况时，有权停止作业或者在采取可能的紧急措施后撤离作业现场，并立即报告。

5.6 对作业部位及周围带电体、接地体进行绝缘遮蔽，如导线受伤程度严重，应采取相应安全措施，防止导线断线。

案例七　绝缘斗臂车支腿处松软，导致绝缘斗臂车侧翻

1. 事故简况

某供电公司带电作业班4人，利用绝缘斗臂车采用绝缘手套作业法，进行10kV带电更换杆上三相悬式绝缘子。原有悬式绝缘子已

经老化有裂纹。到达作业现场后，作业杆塔距离路边为 7m，工作负责人甲得到调度命令后，宣读工作票，进行危险点分析，交代安全措施和技术措施，指派工作班成员乙为斗内电工，丙为专责监护人，丁为地面电工。工作班成员签字确认后，斗内电工乙穿戴全套个人防护用具、系好安全带操作绝缘斗臂车进行带电更换杆上悬式绝缘子。当斗内电工乙操作绝缘斗臂车更换到最远处悬式绝缘子时，绝缘斗臂车已经接近限位位置。当斗内电工乙与地面电工丁上下传递悬式绝缘子时，绝缘斗臂车靠近作业点的两个支腿慢慢下沉，但现场人员没有发现这一危险，斗内电工乙发现绝缘斗臂车工作斗有变化时，以为上下传递悬式绝缘子绝缘斗臂车颤动的正常变化，因而继续作业。当工作负责人甲发现绝缘斗臂车支腿下沉时，斗内电工乙操作绝缘斗臂车返回原位时已经来不及，由于绝缘斗臂车到达接近极限位置，支腿下沉越来越快，导致绝缘斗臂车侧翻，斗内电工乙肋骨骨折三根，多处重伤。经现场勘查，靠近作业点的绝缘斗臂车两个支腿下方是年度新修的排水管线。

2. 事故原因

2.1 直接原因

2.1.1 斗内电工乙在进行操作前，未了解作业现场相关环境因素，不了解斗臂车限位距离及支腿情况，是造成事故的直接原因。

2.2.2 作业前，工作负责人甲选取斗臂车停靠位置不妥当，事先未了解停靠位置为新修排水管线，地面松软，导致斗臂车侧翻。

2.2 主要原因

相关生产领导及工作负责人甲在工作前，在现场勘查工作中产生漏洞，没有进行细致的现场勘查，并且没有了解现场作业环境，是造成本次事故的主要原因。

2.3 间接原因

工作负责人甲未正确安全地组织工作，监护不到位。未能进行细致的现场勘查工作，对现场作业环境不了解。

3. 违反相关规定

3.1 工作负责人的安全责任：① 正确安全地组织工作；② 负责检查工作票所列安全措施是否正确完备，是否符合现场实际条件，必要时予以补充；③ 工作前对工作班成员进行危险点告知，交代安全措施和技术措施，并确认每一个工作班成员都已知晓；④ 严格执行工作票所列安全措施；⑤ 督促、监护工作班成员遵守《安规》、正确使用劳动防护用品和执行现场安全措施。

3.2 工作负责人应时刻掌握作业的进展情况，密切注视作业人员的动作，根据作业方案及作业步骤及时做出适当的指示，整个作业过程中不得放松对危险部位的监护工作。

3.3 工作班成员的安全责任：① 熟悉工作内容、工作流程，掌握安全措施，明确工作中的危险点，并履行确认手续；② 严格遵守安全规章制度、技术规程和劳动纪律，对自己在工作中的行为负责，互相关心工作安全，并监督《安规》的执行和现场安全措施的实施；③ 正确使用安全工器具和劳动防护用品。

3.4 作业人员根据地形地貌，将斗臂车定位于最适于作业位置，斗臂车应良好接地，作业人员进入工作斗应系好安全带，要充分注意周边电信和高低压线路及其他障碍物，选定绝缘斗的升降回转路径，平稳地操作。

3.5 现场勘查应查看检修（施工）作业需要停电的范围、保留的带电部位、装设接地线的位置、临近线路、交叉跨越、多电源、自备电源、地下管线设施和作业现场的条件、环境及其他影响作业的危险点，并提出针对性的安全措施和注意事项。

3.6 带电作业项目，应勘察配电线路是否符合带电作业条件、同杆（塔）架设线路及其方位和电气间距、作业现场条件和环境及其他影响作业的危险点，并根据勘察结果确定带电作业方法、所需工具以及应采取的措施。

3.7 采用斗臂车作业前，应考虑工作负载及作业人员的重量，严禁超载。

3.8 绝缘斗臂车应选择适当的工作位置，支撑应稳固可靠；机身倾斜度不得超过制造厂的规定，必要时应有防倾覆措施。

4. 危险点

4.1 带电作业时，安全距离不足引起触电

带电作业人员接触带电体时，与接地体应保持 0.4m 及以上安全距离，与邻相带电体保持 0.6m 及以上安全距离；带电作业人员接触接地体时，与带电体应保持 0.4m 及以上安全距离，安全距离不足时，做好绝缘遮蔽隔离措施。

4.2 气象条件不符合要求

带电作业应在良好的天气下进行，作业前须进行风速和湿度测量。风力大于 5 级，或湿度大于 80%时，不宜进行带电作业。若遇有雷电、雪、雹、雨、雾等不良天气，禁止带电作业。带电作业过程中若遇有天气突然变化，有可能危及人身及设备安全时，应立即停止工作，撤离人员，恢复设备正常状况，或采取临时安全措施。

4.3 绝缘工器具不合格，作业时绝缘工器具表面泄漏电流过大

绝缘工器具应按定置要求分类摆放在防潮帆布上，绝缘工器具不能与金属工具、材料混放。检查个人绝缘防护用具、遮蔽用具无针孔、砂眼、裂纹等，绝缘手套必须做充气试验，试验合格证在有效期范围内。绝缘工具使用前应仔细检查确认没有损坏、受潮、变形、失灵，否则禁止使用。并用 2500V 及以上绝缘电阻表或绝缘检测仪进行分段绝缘检测（电极宽 2cm，极间宽 2cm），阻值不低于 700MΩ。

4.4 作业现场悬挂标志牌和装设围栏

在城区、人口密集区地段或交通道口和通行道路上施工时，应设置安全围栏，安全围栏的范围应考虑作业中高空坠落和高空落物的影响以及道路交通，必要时联系交通部门，围栏的出入口应设置合理。

4.5 作业时违反安规进行操作，可能引起高空坠落，物体打击伤人

带电作业时，工器具、材料应放在专用工具袋内，防止坠落。工器具、材料传递至工作合适位置应固定牢靠，不准随意摆放，避免落物伤人。上下抛掷工器具、材料容易发生失手坠落等情况，所以应使用绝缘绳索拴牢后传递。

4.6 带电作业前后联系调度员

进行带电作业时，无论此次作业是否需要停用线路重合闸装置，作业前后都应该联系调度员，在线路发生异常情况时，调度员可以从保护人身安全角度出发，采用更为妥善的处理方案，避免线路强送电或试送电。在带电作业过程中，线路重合闸装置对带电作业人员的安全起到后备保护的作用。一是在带电作业点发生事故时，线路重合闸装置不启动，避免带电作业人员遭受二次电击的危

害；二是非作业点发生故障时，有可能产生内部过电压，线路重合闸装置不启动，避免带电作业人员遭受内部过电压的危害。

4.7 作业前检查作业杆塔、导线等

带电作业前，应对作业点的杆塔、导线等进行外观检查。确认杆根、基础、拉线等是否牢固，严防杆塔倾倒，对作业人员造成严重伤害。

4.8 作业前明确现场作业环境等

带电作业前，应对作业点及斗臂车停靠位置，地面情况进行详细检查。

5. 防范措施

5.1 作业人员在带电作业过程中，要对可能触及的带电体、接地体进行良好的绝缘遮蔽。

5.2 进行带电作业时，人体与邻近带电体必须保持 0.4m 及以上的安全距离。不能满足安全距离时，应采取绝缘遮蔽隔离措施。

5.3 作业人员必须使用合格的绝缘工器具和安全防护用具，进入绝缘斗前，作业人员应穿戴全套绝缘防护用具，系安全带。

5.4 带电作业决不允许不具备条件的人员担任工作负责人，他无能力制止作业中的错误操作和及早发现操作中的不安全动作。对工作负责人的选用必须严格遵守 Q/GDW 1799.2—2013 中各项有关规定，选择多年从事带电作业工作，有一定理论基础和丰富实际经验，且有一定的组织能力和对异常情况及事故处理能力的人员担任。

5.5 所有人员有权拒绝违章指挥和强令冒险作业；在发现直接危及人身、电网和设备安全的紧急情况时，有权停止作业或者在采取可能的紧急措施后撤离作业现场，并立即报告。

5.6 斗臂车选择最合适的作业位置，四角平稳，严禁过载使用。如受条件限制或地面粗糙、松软，可加垫枕木、垫铁等增加斗臂车支脚受力面积，防止斗臂车受力偏重，防止侧翻发生。

案例八 安装绝缘引流线时柱上断路器突然跳闸，作业人员烧伤

1. 事故简况

某供电公司带电作业班4人，利用绝缘斗臂车采用绝缘手套作业法，进行10kV带电处理柱上断路器引线接点过热作业，线路设置为水平排列。到达作业现场后，采用引流线短接柱上断路器的作业方法。工作负责人甲得到调度命令后，宣读工作票，进行危险点分析，交代安全措施和技术措施，指派工作班成员乙为斗内电工，丙为专责监护人，丁为地面电工。工作班成员签字确认后，斗内电工乙穿戴全套个人绝缘防护用具，系好安全带，操作绝缘斗臂车进入工作位置。当斗内电工乙将引流线一端已经连接到线路上，正要连接另一端时，断路器突然跳闸，引流线和导线之间燃起电弧，发生带负荷接引线作业，将斗内电工乙烧伤。

2. 事故原因

2.1 直接原因

2.1.1 在带电作业前，未对断路器跳闸机构锁死，在作业过程中断路器突然跳闸，导致作业人员带负荷接引线，是造成事故的直

接原因。

2.1.2 作业时，杆上电工乙没有按照带电作业标准进行作业，没有使用单相负荷开关进行短接设备。

2.2 主要原因

相关生产领导及工作负责人甲在工作前，在现场勘查工作中产生漏洞，没有进行细致的现场勘查，并且未与设备运行单位进行详细沟通，没有了解现场作业环境等相关信息，是造成本次事故的主要原因。

2.3 间接原因

2.3.1 工作负责人甲未正确安全地组织工作，监护不到位。未能进行细致的现场勘查工作，对运行设备状况不了解。

2.3.2 未对作业中可能触及的带电体和临近的接地体进行可靠的绝缘遮蔽。

3. 违反相关规定

3.1 工作票签发人的安全职责：① 工作必要性和安全性；② 工作票所列安全措施是否正确完备；③ 所派工作负责人和工作班成员是否适当和充足。

3.2 工作负责人的安全责任：① 正确安全地组织工作；② 负责检查工作票所列安全措施是否正确完备，是否符合现场实际条件，必要时予以补充；③ 工作前对工作班成员进行危险点告知，交代安全措施和技术措施，并确认每一个工作班成员都已知晓；④ 严格执行工作票所列安全措施；⑤ 督促、监护工作班成员遵守《安规》、正确使用劳动防护用品和执行现场安全措施。

3.3 工作负责人应时刻掌握作业的进展情况，密切注视作业人员的动作，根据作业方案及作业步骤及时做出适当的指示，整个作业过程中不得放松对危险部位的监护工作。

3.4 工作班成员的安全责任：① 熟悉工作内容、工作流程，掌握安全措施，明确工作中的危险点，并履行确认手续；② 严格遵守安全规章制度、技术规程和劳动纪律，对自己在工作中的行为负责，互相关心工作安全，并监督《安规》的执行和现场安全措施的实施；③ 正确使用安全工器具和劳动防护用品。

3.5 现场勘查应查看检修（施工）作业需要停电的范围、保留的带电部位、装设接地线的位置、临近线路、交叉跨越、多电源、自备电源、地下管线设施和作业现场的条件、环境及其他影响作业的危险点，并提出针对性的安全措施和注意事项。

3.6 带电作业项目，应勘察配电线路是否符合带电作业条件、同杆（塔）架设线路及其方位和电气间距、作业现场条件和环境及其他影响作业的危险点，并根据勘察结果确定带电作业方法、所需工具以及应采取的措施。

3.7 带电断、接空载线路时，作业人员应戴护目镜，并采取消弧措施。消弧工具的断流能力应与被断、接的空载线路电压等级及电容电流相适应。若使用消弧绳，则其断、接的空载线路的长度应小于50km（10kV）、30km（20kV），且作业人员与断开点应保持 4m 以上的距离。

3.8 用绝缘分流线或旁路电缆短接设备时，短接前应核对相位，载流设备应处于正常通流或合闸位置。断路器（开关）应取下跳闸回路熔断器，锁死跳闸机构。

3.9 带负荷更换高压隔离开关（刀闸）、跌落式熔断器，安装绝缘分流线时应有防止高压隔离开关（刀闸）、跌落式熔断器意外断开的措施。

4. 危险点

4.1 带电作业时，安全距离不足引起触电

带电作业人员接触带电体时，与接地体应保持 0.4m 及以上安全距离，与邻相带电体保持 0.6m 及以上安全距离；带电作业人员接触接地体时，与带电体应保持 0.4m 及以上安全距离，安全距离不足时，做好绝缘遮蔽隔离措施。

4.2 气象条件不符合要求

带电作业应在良好的天气下进行，作业前须进行风速和湿度测量。风力大于 5 级，或湿度大于 80%时，不宜进行带电作业。若遇有雷电、雪、雹、雨、雾等不良天气，禁止带电作业。带电作业过程中若遇有天气突然变化，有可能危及人身及设备安全时，应立即停止工作，撤离人员，恢复设备正常状况，或采取临时安全措施。

4.3 绝缘工器具不合格，作业时绝缘工器具表面泄漏电流过大

绝缘工器具应按定置要求分类摆放在防潮帆布上，绝缘工器具不能与金属工具、材料混放。检查个人绝缘防护用具、遮蔽用具无针孔、砂眼、裂纹等，绝缘手套必须做充气试验，试验合格证在有效期范围内。绝缘工具使用前应仔细检查确认没有损坏、受潮、变形、失灵，否则禁止使用。并用 2500V 及以上绝缘电阻表或绝缘检测仪进行分段绝缘检测（电极宽 2cm，极间宽 2cm），阻值不低于 700MΩ。

4.4 作业现场悬挂标志牌和装设围栏

在城区、人口密集区地段或交通道口和通行道路上施工时，应设置安全围栏，安全围栏的范围应考虑作业中高空坠落和高空落物

的影响以及道路交通，必要时联系交通部门，围栏的出入口应设置合理。

4.5 作业时违反安规进行操作，可能引起高空坠落，物体打击伤人

带电作业时，工器具、材料应放在专用工具袋内，防止坠落。工器具、材料传递至工作合适位置应固定牢靠，不准随意摆放，避免落物伤人。上下抛掷工器具、材料容易发生失手坠落等情况，所以应使用绝缘绳索拴牢后传递。

4.6 带电作业前后联系调度员

进行带电作业时，无论此次作业是否需要停用线路重合闸装置，作业前后都应该联系调度员，在线路发生异常情况时，调度员可以从保护人身安全角度出发，采用更为妥善的处理方案，避免线路强送电或试送电。在带电作业过程中，线路重合闸装置对带电作业人员的安全起到后备保护的作用。一是在带电作业点发生事故时，线路重合闸装置不启动，避免带电作业人员遭受二次电击的危害；二是非作业点发生故障时，有可能产生内部过电压，线路重合闸装置不启动，避免带电作业人员遭受内部过电压的危害。

4.7 作业前检查作业杆塔、导线等

带电作业前，应对作业点的杆塔、导线等进行外观检查。确认杆根、基础、拉线等是否牢固，严防杆塔倾倒，对作业人员造成严重伤害。

4.8 登高作业时，不按要求使用安全带

安全带是高处作业人员预防坠落伤亡的防护用品，应采用双控、双保险的挂钩，以防挂钩脱落。双控背带式安全带配件应齐全。在高空作业中，为了提高安全保护系数，避免工作人员转位或发生意外时出现失去保护的情况，应使用有后备绳或速差自锁器的

双控背带式安全带，为工作人员提供双重保护。

4.9 作业过程中断路器意外跳闸

作业过程中，先对断路器采取防止意外跳闸的开关锁死措施，再进行引流线搭接工作。

5. 防范措施

5.1 作业人员在带电作业过程中，要对可能触及的带电体、接地体进行良好的绝缘遮蔽。

5.2 进行带电作业时，人体与邻近带电体必须保持 0.4m 及以上的安全距离。不能满足安全距离时，应采取绝缘遮蔽隔离措施。

5.3 作业人员必须使用合格的绝缘工器具和安全防护用具，进入绝缘斗前，作业人员应穿戴全套绝缘防护用具，系安全带。

5.4 带电作业决不允许不具备条件的人员担任工作负责人，他无能力制止作业中的错误操作和及早发现操作中的不安全动作。对工作负责人的选用必须严格遵守 Q/GDW 1799.2—2013 中各项有关规定，选择多年从事带电作业工作，有一定理论基础和丰富实际经验，且有一定的组织能力和对异常情况及事故处理能力的人员担任。

5.5 所有人员有权拒绝违章指挥和强令冒险作业；在发现直接危及人身、电网和设备安全的紧急情况时，有权停止作业或者在采取可能的紧急措施后撤离作业现场，并立即报告。

5.6 对作业部位及周围带电体、接地体进行绝缘遮蔽，严格保持与临相导线的安全距离。

5.7 绝缘引流线搭接时应注意相位，搭接点接触可靠，三相绝缘引流线搭接未完成前，严禁拉开断路器开关，断路器开关未合闸前严禁拆除绝缘引流线。引流线搭接完毕后应用钳形电路表检测电流。

案例九　固定引线时，发生引线接点断落，造成单相接地故障

1. 事故简况

某供电公司带电作业班 4 人，利用绝缘斗臂车采用绝缘手套作业法，进行 10kV 带电更换变压器台引下线横担针式绝缘子。原有针式绝缘子已经老化破碎，引下线已经悬在半空中。到达作业现场后，工作负责人认为此作业比较简单，没有必要对变压器台进行停电。工作负责人甲得到调度命令后，宣读工作票，进行危险点分析，交代安全措施和技术措施，指派工作班成员乙为斗内电工，丙为专责监护人，丁为地面电工。工作班成员签字确认后，斗内电工乙穿戴全套个人绝缘防护用具，系好安全带，操作绝缘斗臂车进入工作位置。当更换完针式绝缘子后，固定引下线时，引下线与导线接点处发生带负荷断线，引发弧光接地事故，幸好没有发生人身伤害事故。

2. 事故原因

2.1　直接原因

2.1.1　斗内电工乙在固定引下线时，引下线与导线接点会发生颤动，变压器台没有停电，而且引下线与导线接点又与接地体比较近，导致引下线与导线接点处断落，发生弧光接地事故，是发生事故的直接原因。

2.1.2 斗内电工乙在进行操作前，未了解作业现场相关环境因素，不了解引下线与导线接点运行状况，未拒绝强令冒险作业。

2.2 主要原因

2.2.1 工作负责人甲在工作前，在现场勘查工作中产生漏洞，没有进行细致的现场勘查，没有了解引下线与导线接点连接情况等相关信息，是造成本次事故的主要原因。

2.2.2 主管生产领导对作业人员安排不当，没有选择工作经验多、安全意识强的生产人员来进行带电作业。

2.3 间接原因

2.3.1 工作负责人甲未正确安全地组织工作，没有按照标准化作业程序进行此项带电作业，未对变压器进行停电，未能进行细致的现场勘查工作，对运行设备状况不了解。

2.3.2 专责监护人丙未发现现场作业安全隐患，在变压器未停电的情况下，也没有制止斗内电工乙进行带电作业。

3. 违反相关规定

3.1 作业人员应被告知其作业现场和工作岗位存在的危险因素、防范措施及事故紧急处理措施。作业前，设备运维管理单位应告知现场电气设备接线情况、危险点和安全注意事项。

3.2 工作负责人的安全责任：① 正确安全地组织工作；② 负责检查工作票所列安全措施是否正确完备，是否符合现场实际条件，必要时予以补充；③ 工作前对工作班成员进行危险点告知，交代安全措施和技术措施，并确认每一个工作班成员都已知晓；④ 严格执行工作票所列安全措施；⑤ 督促、监护工作班成员遵守《安规》、正确使用劳动防护用品和执行现场安全措施。

3.3 工作负责人应时刻掌握作业的进展情况，密切注视作业人员的动作，根据作业方案及作业步骤及时做出适当的指示，整个作业过程中不得放松对危险部位的监护工作。

3.4 工作班成员的安全责任：① 熟悉工作内容、工作流程，掌握安全措施，明确工作中的危险点，并履行确认手续；② 严格遵守安全规章制度、技术规程和劳动纪律，对自己在工作中的行为负责，互相关心工作安全，并监督《安规》的执行和现场安全措施的实施；③ 正确使用安全工器具和劳动防护用品。

3.5 现场勘查应查看检修（施工）作业需要停电的范围、保留的带电部位、装设接地线的位置、临近线路、交叉跨越、多电源、自备电源、地下管线设施和作业现场的条件、环境及其他影响作业的危险点，并提出针对性的安全措施和注意事项。

3.6 带电作业项目，应勘察配电线路是否符合带电作业条件、同杆（塔）架设线路及其方位和电气间距、作业现场条件和环境及其他影响作业的危险点，并根据勘察结果确定带电作业方法、所需工具以及应采取的措施。

3.7 对作业中可能触及的其他带电体及无法满足安全距离的接地体（导线支承件、金属紧固件、横担、拉线等）应采取绝缘遮蔽措施。

4. 危险点

4.1 带电作业时，安全距离不足引起触电

带电作业人员接触带电体时，与接地体应保持 0.4m 及以上安全距离，与邻相带电体保持 0.6m 及以上安全距离；带电作业人员接触接地体时，与带电体应保持 0.4m 及以上安全距离，安全距离不足时，做好绝缘遮蔽隔离措施。

4.2　气象条件不符合要求

带电作业应在良好的天气下进行，作业前须进行风速和湿度测量。风力大于5级，或湿度大于80%时，不宜进行带电作业。若遇有雷电、雪、雹、雨、雾等不良天气，禁止带电作业。带电作业过程中若遇有天气突然变化，有可能危及人身及设备安全时，应立即停止工作，撤离人员，恢复设备正常状况，或采取临时安全措施。

4.3　绝缘工器具不合格，作业时绝缘工器具表面泄漏电流过大

绝缘工器具应按定置要求分类摆放在防潮帆布上，绝缘工器具不能与金属工具、材料混放。检查个人绝缘防护用具、遮蔽用具无针孔、砂眼、裂纹等，绝缘手套必须做充气试验，试验合格证在有效期范围内。绝缘工具使用前应仔细检查确认没有损坏、受潮、变形、失灵，否则禁止使用。并用2500V及以上绝缘电阻表或绝缘检测仪进行分段绝缘检测（电极宽2cm，极间宽2cm），阻值不低于700MΩ。

4.4　作业现场悬挂标志牌和装设围栏

在城区、人口密集区地段或交通道口和通行道路上施工时，应设置安全围栏，安全围栏的范围应考虑作业中高空坠落和高空落物的影响以及道路交通，必要时联系交通部门，围栏的出入口应设置合理。

4.5　作业时违反安规进行操作，可能引起高空坠落，物体打击伤人

带电作业时，工器具、材料应放在专用工具袋内，防止坠落。工器具、材料传递至工作合适位置应固定牢靠，不准随意摆放，避免落物伤人。上下抛掷工器具、材料容易发生失手坠落等情况，所以应使用绝缘绳索拴牢后传递。

4.6 带电作业前后联系调度员

进行带电作业时，无论此次作业是否需要停用线路重合闸装置，作业前后都应该联系调度员，在线路发生异常情况时，调度员可以从保护人身安全角度出发，采用更为妥善的处理方案，避免线路强送电或试送电。在带电作业过程中，线路重合闸装置对带电作业人员的安全起到后备保护的作用。一是在带电作业点发生事故时，线路重合闸装置不启动，避免带电作业人员遭受二次电击的危害；二是非作业点发生故障时，有可能产生内部过电压，线路重合闸装置不启动，避免带电作业人员遭受内部过电压的危害。

4.7 作业前检查作业杆塔、导线等

带电作业前，应对作业点的杆塔、导线等进行外观检查。确认杆根、基础、拉线等是否牢固，严防杆塔倾倒，对作业人员造成严重伤害。

4.8 登高作业时，不按要求使用安全带

安全带是高处作业人员预防坠落伤亡的防护用品，应采用双控、双保险的挂钩，以防挂钩脱落。双控背带式安全带配件应齐全。在高空作业中，为了提高安全保护系数，避免工作人员转位或发生意外时出现失去保护的情况，应使用有后备绳或速差自锁器的双控背带式安全带，为工作人员提供双重保护。

4.9 作业过程中引起导线断线

作业前，确认损坏的绝缘子情况及其引线、导线运行状况，防止作业人员触电或损伤设备。在作业过程中，避免损伤导线，如果导线松动或即将断裂，应采取相关安全措施，防止发生导线断线的危险。

4.10 严禁带负荷断、接引线

在更换运行中变压器台上的设备时，在无法保证安全的情况下，或无法采取可靠的安全措施下，应对变压器台进行停电减负荷。

5. 防范措施

5.1 作业人员在带电作业过程中，要对可能触及的带电体、接地体进行良好的绝缘遮蔽。

5.2 进行带电作业时，人体与邻近带电体必须保持 0.4m 及以上的安全距离。不能满足安全距离时，应采取绝缘遮蔽隔离措施。

5.3 作业人员必须使用合格的绝缘工器具和安全防护用具，进入绝缘斗前，作业人员应穿戴全套绝缘防护用具，系安全带。

5.4 带电作业决不允许不具备条件的人员担任工作负责人，他无能力制止作业中的错误操作和及早发现操作中的不安全动作。对工作负责人的选用必须严格遵守 Q/GDW 1799.2—2013 中各项有关规定，选择多年从事带电作业工作，有一定理论基础和丰富实际经验，且有一定的组织能力和对异常情况及事故处理能力的人员担任。

5.5 所有人员有权拒绝违章指挥和强令冒险作业；在发现直接危及人身、电网和设备安全的紧急情况时，有权停止作业或者在采取可能的紧急措施后撤离作业现场，并立即报告。

5.6 对作业部位及周围带电体、接地体进行绝缘遮蔽，如引下线也有损伤，应采取相应安全措施，防止引线断线。

案例十　带电更换跌落式熔断器，单相接地

1. 事故简况

某供电公司带电作业班 4 人，采用绝缘杆作业法，进行 10kV 带电更换变压器台 B 相熔断器，线路设置为水平排列。到达作业现场后，工作负责人甲得到调度命令后，宣读工作票，进行危险点分析，交代安全措施和技术措施，指派工作班成员乙为杆上电工，丙为专责监护人，丁为地面电工。杆上电工乙利用登杆工具至距离带电体适当位置，使用绝缘断线剪剪断 B 相跌落式熔断器上引线时，B 相跌落式熔断器瓷件突然断裂脱落，上引线接点垂落到横担上，造成单相接地。

2. 事故原因

2.1　直接原因

2.1.1　杆上电工乙在操作前，未了解作业现场相关环境因素，不清楚 B 相跌落式熔断器损伤情况，是造成事故的直接原因。

2.1.2　杆上电工乙利用绝缘操作杆在带电体上进行带电作业时，没有对接地体采取绝缘遮蔽隔离措施。

2.1.3　杆上电工乙采取的作业方式不正确。

2.2　主要原因

2.2.1　相关生产领导及工作负责人甲在工作前，在现场勘查工作中产生漏洞，没有进行细致的现场勘查，没有了解现场作业环境、每相跌落式熔断器运行状况、受损情况等相关信息，是造成本

次事故的主要原因。

2.2.2 主管生产领导对作业人员安排不当，没有选择工作经验多、安全意识强的生产人员来进行带电作业。

2.3 间接原因

2.3.1 工作负责人甲未正确安全地组织工作，监护不到位。未能进行细致的现场勘查工作，对运行设备状况不了解。

2.3.2 未对作业中可能触及的带电体和临近的接地体进行可靠的绝缘遮蔽。

3. 违反相关规定

3.1 工作票签发人的安全职责：① 工作必要性和安全性；② 工作票所列安全措施是否正确完备；③ 所派工作负责人和工作班成员是否适当和充足。

3.2 工作负责人的安全责任：① 正确安全地组织工作；② 负责检查工作票所列安全措施是否正确完备，是否符合现场实际条件，必要时予以补充；③ 工作前对工作班成员进行危险点告知，交代安全措施和技术措施，并确认每一个工作班成员都已知晓；④ 严格执行工作票所列安全措施；⑤ 督促、监护工作班成员遵守《安规》、正确使用劳动防护用品和执行现场安全措施。

3.3 工作负责人应时刻掌握作业的进展情况，密切注视作业人员的动作，根据作业方案及作业步骤及时做出适当的指示，整个作业过程中不得放松对危险部位的监护工作。

3.4 工作班成员的安全责任：① 熟悉工作内容、工作流程，掌握安全措施，明确工作中的危险点，并履行确认手续；② 严格遵守安全规章制度、技术规程和劳动纪律，对自己在工作中的行为负责，

互相关心工作安全，并监督《安规》的执行和现场安全措施的实施；③ 正确使用安全工器具和劳动防护用品。

3.5 作业人员在拆除旧跌落保险器及安装新跌落保险器时，应始终戴绝缘手套，上桩头高压引线拆下后应在作业人员最大触及范围之外。

3.6 现场勘查应查看检修（施工）作业需要停电的范围、保留的带电部位、装设接地线的位置、临近线路、交叉跨越、多电源、自备电源、地下管线设施和作业现场的条件、环境及其他影响作业的危险点，并提出针对性的安全措施和注意事项。

3.7 带电作业项目，应勘察配电线路是否符合带电作业条件、同杆（塔）架设线路及其方位和电气间距、作业现场条件和环境及其他影响作业的危险点，并根据勘察结果确定带电作业方法、所需工具以及应采取的措施。

3.8 对作业中可能触及的其他带电体及无法满足安全距离的接地体（导线支承件、金属紧固件、横担、拉线等）应采取绝缘遮蔽措施。

3.9 在带电断、接空载线路时，应采取防止设备和引线摆动或脱落的措施。

4. 危险点

4.1 带电作业时，安全距离不足引起触电

带电作业人员接触带电体时，与接地体应保持 0.4m 及以上安全距离，与邻相带电体保持 0.6m 及以上安全距离；带电作业人员接触接地体时，与带电体应保持 0.4m 及以上安全距离，安全距离不足时，做好绝缘遮蔽隔离措施。

4.2 气象条件不符合要求

带电作业应在良好的天气下进行，作业前须进行风速和湿度测量。风力大于5级，或湿度大于80%时，不宜进行带电作业。若遇有雷电、雪、雹、雨、雾等不良天气，禁止带电作业。带电作业过程中若遇有天气突然变化，有可能危及人身及设备安全时，应立即停止工作，撤离人员，恢复设备正常状况，或采取临时安全措施。

4.3 绝缘工器具不合格，作业时绝缘工器具表面泄漏电流过大

绝缘工器具应按定置要求分类摆放在防潮帆布上，绝缘工器具不能与金属工具、材料混放。检查个人绝缘防护用具、遮蔽用具无针孔、砂眼、裂纹等，绝缘手套必须做充气试验，试验合格证在有效期范围内。绝缘工具使用前应仔细检查确认没有损坏、受潮、变形、失灵，否则禁止使用。并用2500V及以上绝缘电阻表或绝缘检测仪进行分段绝缘检测（电极宽 2cm，极间宽 2cm），阻值不低于700MΩ。

4.4 作业现场悬挂标志牌和装设围栏

在城区、人口密集区地段或交通道口和通行道路上施工时，应设置安全围栏，安全围栏的范围应考虑作业中高空坠落和高空落物的影响以及道路交通，必要时联系交通部门，围栏的出入口应设置合理。

4.5 作业时违反安规进行操作，可能引起高空坠落，物体打击伤人

带电作业时，工器具、材料应放在专用工具袋内，防止坠落。工器具、材料传递至工作合适位置应固定牢靠，不准随意摆放，避免落物伤人。上下抛掷工器具、材料容易发生失手坠落等情况，所以应使用绝缘绳索拴牢后传递。

4.6 带电作业前后联系调度员

进行带电作业时，无论此次作业是否需要停用线路重合闸装置，作业前后都应该联系调度员，在线路发生异常情况时，调度员可以从保护人身安全角度出发，采用更为妥善的处理方案，避免线路强送电或试送电。在带电作业过程中，线路重合闸装置对带电作业人员的安全起到后备保护的作用。一是在带电作业点发生事故时，线路重合闸装置不启动，避免带电作业人员遭受二次电击的危害；二是非作业点发生故障时，有可能产生内部过电压，线路重合闸装置不启动，避免带电作业人员遭受内部过电压的危害。

4.7 作业前检查作业杆塔、导线等

带电作业前，应对作业点的杆塔、导线等进行外观检查。确认杆根、基础、拉线等是否牢固，严防杆塔倾倒，对作业人员造成严重伤害。确认跌落式熔断器受伤情况及其他两相跌落式熔断器运行状况，防止作业人员触电或损伤设备。

4.8 登高作业时，不按要求使用安全带

安全带是高处作业人员预防坠落伤亡的防护用品，应采用双控、双保险的挂钩，以防挂钩脱落。双控背带式安全带配件应齐全。在高空作业中，为了提高安全保护系数，避免工作人员转位或发生意外时出现失去保护的情况，应使用有后备绳或速差自锁器的双控背带式安全带，为工作人员提供双重保护。

4.9 作业过程中引起导线断线

作业前，先检查跌落式熔断器受伤程度及其引线运行情况。作业时，避免损伤引线，如导线松动或即将断裂，应采取相关安全措施，防止发生导线断线的危险。

5. 防范措施

5.1 作业人员在带电作业过程中，要对可能触及的带电体、接地体进行良好的绝缘遮蔽。

5.2 进行带电作业时，人体与邻近带电体必须保持 0.4m 及以上的安全距离。不能满足安全距离时，应采取绝缘遮蔽隔离措施。

5.3 作业人员必须使用合格的绝缘工器具和安全防护用具，进入绝缘斗前，作业人员应穿戴全套绝缘防护用具，系安全带。

5.4 带电作业决不允许不具备条件的人员担任工作负责人，他无能力制止作业中的错误操作和及早发现操作中的不安全动作。对工作负责人的选用必须严格遵守 Q/GDW 1799.2—2013 中各项有关规定，选择多年从事带电作业工作，有一定理论基础和丰富实际经验，且有一定的组织能力和对异常情况及事故处理能力的人员担任。

5.5 所有人员有权拒绝违章指挥和强令冒险作业；在发现直接危及人身、电网和设备安全的紧急情况时，有权停止作业或者在采取可能的紧急措施后撤离作业现场，并立即报告。

5.6 对作业部位及周围带电体、接地体进行可靠绝缘遮蔽，如跌落式熔断器受伤程度严重，应采取相应安全措施，防止引线、瓷瓶断裂。

